엉뚱한 발상 하나로 세계적 특허를 거머쥔 사람들

왕연중 지음

3

지식산업사

엉뚱한 발상 하나로 세계적 특허를 거머쥔 사람들•3

초판 1쇄 발행 2000. 6. 27
초판 2쇄 발행 2006. 11. 24

지은이   왕 연 중
펴낸이   김 경 희
펴낸곳   (주)지식산업사
주 소   서울시 종로구 통의동 35-18
전 화   (02)734-1978(대)
팩 스   (02)720-7900

인터넷한글문패 지식산업사
인터넷영문문패 www.jisik.co.kr
    전자우편 jsp@jisik.co.kr

등록번호 1-363
등록날짜 1969. 5. 8

ⓒ 왕연중, 2000
ISBN 89-423-8023-9 04500
ISBN 89-423-0031-6 (세트)

책값 6,000원

이 책을 읽고 지은이에게 문의하고자 하는 이는
지식산업사 전자우편으로 연락 바랍니다.

3

엉뚱한 발상하나로 세계적 특허를 거머쥔 사람들

발행인의 편지

창조력의 심지에 스스로 불을 당기자

 그 어느 때보다 오늘의 인류에게는 창조력이 절실한 때라고 하겠습니다. 지금까지 인류는 실로 많은 것을 이룩했지만, 한편으로 그것이 인류 스스로는 말할 것도 없고, 모든 생명 자체를 무너뜨릴 수 있는 함정이었음도 드러나고 있습니다. 이제 우리는 우주 자연의 질서, 이 아름다운 지구를 되살리기 위하여 참다운 의미의 새로운 창조 역량을 드러내야 합니다.

 예나 지금이나 그리고 앞으로도 문화는 꿈꾸는 이들, 상상하는 이들에 의해 싹이 트고 열매 맺는다고 말합니다. 모든 것에 호기심을 가지고 그 이치를 곰곰이 따지며, 지금까지와 전혀 다른 '엉뚱한 발상'으로 꿈꾸고, 마침내 그것을 구체적으로 만들어 내는 사람들 때문에 인류의 문화는 오늘에 이르렀습니다.

 우리 겨레는 지난 수천년 동안 세계 인류의 역사에서 뚜렷한 업적을 세우기도 했습니다. 그리고 이제는 개인이나 집단의 '엉뚱한 발상'이 세계적 특허로 보장되는 시대입니다. 따라서 우리도 조상들로부터 이어받은 창조적 저력을 어떻게 하면 효과적으로 끌어내느냐가 문제인 것입니다.

 이 문제를 푸는 데 무엇보다 중요한 것은 우리 국민 한 사람 한 사람의 창조 정신, 바꾸어 말하면 새 것을 만들어 보겠다는 과학 정신, 디자인 정신을 일구고 가꾸는 일입니다.

 맨 먼저 해야 하는 이러한 일 가운데 하나가 앞서가는 남들에게 우선 배우는 것입니다. 지난 근대 과학 문명의 선진국들에서 혜성같이 나타났던 빛나는 발명가, 디자이너들의 성공담이야말로 오늘의 한국인들이 귀담아 듣고 눈여겨 보아야 할 교훈이 아닐 수 없습니다.

일찍이 이들의 성공담에서 배우는 일의 중요함을 누구보다 먼저 알고 우리 국민들에게 펼쳐 보이는 데 앞장서 나선 이가 바로 이 책의 저자 왕연중 선생입니다. 왕선생은 지난 20년 가까이 이 일을 줄기차게 해왔고, 앞으로도 온 신명을 바쳐 일할 것을 스스로 다짐하면서 21세기 첫머리에 지금까지 해온 작업 가운데서 가장 정성들여 깔끔하게 압축한 내용을 일단 10권으로 마무리하셨습니다.

이 책이 초·중·고 학생은 물론 주부나 상사 회사 및 공공 기관에서 일하는 뜻있는 독자들에게 더할 나위 없는 선물이 될 것임을 감히 자랑하는 바입니다.

우리 독자들도 하루빨리 스스로 '엉뚱한 발상'을 구체화하여 에디슨이나 빌게이츠와 같이 '세계적 특허'를 거머쥐는 날, 우리 나라와 겨레는 무한 경쟁의 문화 전쟁 시대에 세계 인류의 창조적 중심으로 우뚝 설 것입니다.

2000년 6월
발행인 김경희

차 례

제1부 흙 속의 미생물을 눈여겨 보라

암을 정복하라 __ 나가노의 인터페론 ▶▶ 11

당뇨병은 물러가라 __ 밴팅과 베스트의 인슐린 ▶▶ 15

아들을 구한 발명 __ 도마크의 크론토질 ▶▶ 19

해열제의 대명사 __ 카를의 아스피린 ▶▶ 25

의약계의 숨겨진 구세주 __ 듀보스의 항생제 ▶▶ 29

사라진 세균 __ 플레밍의 페니실린 ▶▶ 35

흙 속의 미생물이 힌트 __ 왁스만의 스트랩토마이신 ▶▶ 41

606번째 실험의 성공 __ 에르리히의 매독 치료제 ▶▶ 47

두 갈래 길의 비밀 __ 코흐의 잠자는 병 치료제 ▶▶ 51

웃기는 기체의 기적 __ 데이비의 마취제 ▶▶ 55

자연 속의 구세주 __ 비타민을 탄생시킨 사람들 ▶▶ 61

제2부 엑스선의 정체를 밝혀라

종이 말아 심장 박동수 체크 __ 라에네크의 청진기 ▶▶ 69

석탄산으로 상처 소독 __ 리스터의 소독법 ▶▶ 73

광견병이여, 안녕 __ 파스퇴르의 광견병 예방약 ▶▶ 79

천연두에서 해방되다 __ 제너의 종두법 ▶▶ 85

자연의 최고 걸작은 인체 __ 베잘리우스의 인체 분석 ▶▶ 91

균을 잡아먹는 세포 __ 메치니코프의 식세포 ▶▶ 97

정체 불명의 구세주 __ 뢴트겐의 엑스선 ▶▶ 101

엑스선의 정체를 밝혀라 __ 앙리 베크렐의 방사능 ▶▶ 107

발명으로 하청 탈출 __ 이다의 엑스선 촬영기 ▶▶ 113

스승의 원자병을 치료하려고 __ 가이거의 가이거관 ▶▶ 119

전염병의 원인은 미생물 __ 코흐의 탄저병균과 결핵균 ▶▶ 123

차례

제3부 작은 아이디어로 세계시장 독점

이런 모양 저런 모양 __ 쓰쓰이의 변형 성냥갑 ▶▶ 131

한 번의 타자로 두 번 효과를 __ 캐리한의 셀로판 붙인 봉투 ▶▶ 135

광고를 겸한 아이디어 발명 __ 사원의 제안이었던 티백 ▶▶ 139

작은 아이디어로 세계시장 독점 __ 마사다의 쇼핑백 ▶▶ 143

뛰는 사람 위에 나는 사람 __ 럭키 스트라이크의 담뱃갑 뜯는 테이프 ▶▶ 147

작은 연구가 쌓이고 쌓여 __ 사토의 닥코인형 ▶▶ 151

편지 착불 소동 해결 __ 로랜드 힐의 우표 ▶▶ 155

100만 엔짜리 빨간 혀 __ 장난감 강아지 ▶▶ 159

탈옥작전 제1호 __ 가르네런의 낙하산 ▶▶ 163

지우개를 찾아라 __ 하이만의 지우개 달린 연필 ▶▶ 167

나무 판자를 종이로 __ 우에조의 종이 꼬리표 ▶▶ 173

제 1부
흙 속의 미생물을 눈여겨 보라

암을 정복하라

나가노의 인터페론

암의 특효약으로 쓰이는 인터페론은 서로 다른 종류의 RNA 또는 어떤 종류의 당(糖)의 침입에 따라 동물 세포가 만들어 내는 물질로, '바이러스 억제 인자'라고도 한다.

이것은 어떤 바이러스에 감염된 세포에 또 다른 바이러스가 침입했을 때, 다른 바이러스의 감염을 막는 현상을 보고 1957년에 영국의 아이작스가 발견하였다.

그러나 그보다 앞서 이 현상을 발견하여 먼저 바이러스 억제 인자라는 이름을 붙인 의학자는 일본 도쿄대학의 나가노 교수였다. 도쿄대학 전염병연구소의 나가노는 바이러스를 재료로 여러 가지 실험을 하고 있었다.

바이러스성 질환에는 감기를 비롯하여 인플루엔자, 헤르페스,

광견병, 홍역, 유행성 이하선염, 일본 뇌염, 폴리오(소아마비), 풍진 등 치유하기에 까다롭고 힘든 병이 많다. 이런 여러 가지 전염병에 대한 예방책이나 치유책을 찾는 것이 전염병연구소에서 하는 일이었다.

바이러스 감염증 연구에도 다른 의학 연구에서처럼 동물 실험이 뒤따라야 된다. 나가노는 토끼를 이용하여 피부에 물집을 만드는 종두용 바이러스 실험에 매달리고 있었다.

1954년의 어느 날, 그는 비활성화한 종두용 바이러스액을 토끼 피부에 접종하였다. 그리고 다음날, 전날 주사했던 그 부위에 다시 접종하고 계속 관찰하였다.

그런데 이상한 일이 생겼다. 당연히 물집이 생겨야 할 부위에 아무것도 생기지 않은 것이었다. 접종한 자리 주위에도 아무것도 보이지 않았다.

비활성화 종두용 바이러스 제조법은 이러하다. 우선 활성 종두용 바이러스액을 토끼에게 접종하고 며칠이 지난 뒤 감염된 피부 조직을 떼어내 그것을 짓이겨 만든 유액에 자외선을 쬐는 것이다.

가령 이 유액을 비활성화 전에 원심분리기에 넣어 분리시키면 침전물이 생기는데, 이것에 자외선을 쬐면 감염 저지 효과는 없어지고 만다. 침전물의 내용은 주로 바이러스 그 자체뿐이다.

그런데 침전물 위에 있는 웃물은 자외선을 쬐도 여전히 발병 저지 효과를 가지고 있었다. 뿐만 아니라, 이 웃물에는 상대에 관계없이 종류가 다른 바이러스의 침입도 저지하는 작용이 있음이 알려졌다.

나가노는 따라서 다음과 같은 결론을 내리게 되었다.

우물에는 발병 저지 작용이 있는 어떤 것이 함유되어 있다. 그래서 그는 자신이 얻은 결론대로 그 어떤 것을 '바이러스 억제 인자'라고 부르기로 했다. 그러나 이 인자는 항체와는 본질적으로 다르다.

일반적으로 두 종류의 바이러스가 같은 동물에 침입하면, 한 쪽 또는 양쪽 모두 증식이 억제된다. 이 현상을 '바이러스의 간섭'이라고 일컬어 왔다. 나가노는 바로 이 현상을 연구하고 있었던 것이다.

그러나 영국의 아이작스와 린데만, 이 두 사람은 나가노의 연구를 무시한 듯 그의 이론에 반박하고 나섰다.

"나가노 교수가 발견했다는 바이러스 억제 인자야말로 바이러스 간섭의 원인 물질이다."

그리고 아이작스는 여기에 인터페론(간섭 인자)이라는 이름을 붙인 것이다. 그리하여 인터페론이라는 이름이 지금까지 세계적으로 쓰이고 있다.

인터페론은 바이러스의 감염을 억제하는 작용을 하므로 새 세포가 인터페론을 받아들였을 때 바이러스의 증식을 억제하게 되는 것이다. 이 인터페론은 인플루엔자는 물론, 일반적인 감기나 암의 악화를 방지할 수 있을 것이고, 더 나아가 완전한 치료도 가능하게 할 것이다. 인터페론은 단백질이기 때문에 이것을 자체 생산하는 데에는 비타민 C가 필요하므로 충분한 단백질과 비타민 C만 있다면 암도 인플루엔자도 소아마비도 무섭지 않을 것이다.

당뇨병은 물러가라

밴팅과 베스트의 인슐린

20세기 초만 해도 당뇨병은 매우 무서운 병이었다. 전세계의 환자 수가 1,500만 명을 넘어설 정도였다. 아무리 주의하여도 병에 걸리고 나면 길어야 2년 정도밖에 못 살았다. 이 무서운 병으로부터 인류를 구한 사람은 바로 캐나다의 청년 프레드릭 밴팅과 찰스 베스트였다.

밴팅은 원래 부모의 뜻에 따라 목사가 되려고 하였다. 그러나 소년 시절, 근처에 사는 소녀가 당뇨병으로 죽은 것을 보고 의학을 공부하기로 마음먹었다.

한편 베스트는 시골 의사의 아들로 어려서부터 아버지가 왕진할 때 따라다니며 잔일을 도왔다.

나이가 들어 의사가 된 밴팅은 제1차 세계대전에 군의관으로 참

전하였다. 그리고 귀국해서는 정형외과를 개업하였다. 탐구심이 강했던 그는 틈만 나면 웨스턴 온타리오대학 의학도서관에 다니면서 공부를 하였다. 그러던 가운데 밴팅은 모스커 민코브스키의 실험에 관한 매우 흥미 있는 논문을 읽게 되었다.

"이거 굉장히 흥미 있는 연구인걸. 어쩌면 이 연구가 당뇨병을 해결할 수 있는 실마리가 될지도 모르겠다."

민코브스키는 독일 사람으로 1889년에 개의 췌장을 없애는 실험을 하였다. 실험 결과 그 개가 심한 당뇨병에 걸려 있음을 보고했다.

밴팅은 흥분하여 토론토대학에서 이에 관한 연구를 계속하고자 했으나 대학측의 반응이 썩 좋지 않았다. 생리학 교수 맥클레오도는 큰 기대는 걸지 않았으나 연구실의 한 구석과 실험용 개를 사용할 수 있도록 밴팅에게 허락하였다. 그러고는 자신의 학생 가운데 밴팅의 연구에 관심이 있는 사람이 있는지 알아보았다.

"누가 밴팅의 당뇨병 연구를 도와 주겠나?"

이 말을 듣고

"제가 돕겠습니다."

하고 나선 사람이 바로 베스트였다. 이때가 바로 1921년 봄이었다. 밴팅은 29세, 베스트는 22세였다.

먼저 그들은 그 동안 연구되어 온 당뇨병 연구 관련 문헌을 조사하였다. 과연 많은 사람들의 연구가 있었지만 정확한 당뇨병 치료법을 제시하지는 못했다. 그들은 기록 검토를 통해 다음과 같은 사실을 알아내었다.

1901년 미국의 당뇨병 연구가인 유진 오피는 췌장에 있는 랑게

　르한스섬에 주목하였다. 오피는 당뇨병으로 죽은 사람의 몸을 해부한 결과 한결같이 이 랑게르한스섬이 위축, 경화되어 있는 것을 확인하였다.
　또한 1916년 영국의 에드워드 셰퍼 경이 당뇨병의 원인을 랑게르한스섬의 분비물 결핍에서 오는 것이라고 보고하였다. 셰퍼는 이 호르몬을 '인슐린'이라고 이름지었는데, 인슐린이란 섬을 뜻하는 라틴어의 인슐라(인슐라)에서 딴 것이다.
　여러 문헌을 검토한 뒤 그들은 곧 이어 실험에 들어갔다. 두 사람의 실험 계획은 이러했다. 먼저 개의 췌관을 묶고 소화액을 멈

추게 하였다. 랑게르한스섬의 분비물은 단백질이므로 췌장의 소화 효소로 분해되는 것을 막아야 하기 때문이었다. 그리고 나서 이 '마술의 섬'의 추출물, 즉 인슐린을 민코브스키의 개에게 정맥주사 하는 것이었다.

'실험이 제대로 될까? 우리가 당뇨병 치료법을 찾아낼 수 있을까?'
그 동안 수많은 자료들을 조사하고 연구를 거듭해 왔지만 막상 실험에 들어가니 몹시 초조해졌다. 그들은 자신들의 생각대로 실험을 시작하였다. 밴팅과 베스트가 개에게 인슐린을 정맥주사함으로써 드디어 혈당값이 내리는 것을 확인한 것은 1921년 7월 30일의 일이었다.

"만세! 드디어 성공이다. 당뇨병의 치료법을 우리가 알아낸 거야!"
두 젊은이의 노력으로 말미암아 당뇨병 환자의 생명을 구하는 연구는 반 년도 못 되어 성공을 거두었다.

제1부 흙 속의 미생물을 눈여겨 보라

아들을 구한 발명

도마크의 크론토질

패혈병에 걸리면 그냥 속수무책으로 앓다가 목숨을 잃어야 했던 그런 때가 있었다. 수많은 사람들을 고통 속에 몰아넣고 목숨을 앗아간 패혈병. 그런 패혈병의 늪에서 인류를 구원해 낸 붉은색의 물감. 그 붉은색의 약을 만들어 낸 사람은, 어떤 어려움에도 굴하지 않고 끝까지 신념과 의지로 버틴 독일의 세균학자인 게르하르트 도마크였다.

지금으로부터 약 40여 년 전, 독일의 염료 제조회사인 바이엘 사의 약품연구부에서는 새로운 약과 새로운 염료에 대한 연구로 열기가 뜨겁게 달아올라 있었다. 세균학자인 도마크가 바로 이 연구소에서 젊은 학자인 미치와 클라레드를 이끌고 함께 연구를 하고 있었다.

우연히도 미치와 클라레드는 둘 다 패혈병으로 아버지를 잃었다. 그래서인지 세균 연구에 유난히 투지를 보였고, 연구를 하느라 밤낮을 가리지 않았다.

그러면 이처럼 흔하기까지 했던 패혈병이란 어떤 병일까? 패혈병은 연쇄상구균이라는 일종의 세균이 피 속에 들어가면서 생기는 병으로, 그때까지만 해도 이 병에 걸리면 거의 모든 사람이 목숨을 잃어야 했다.

한편 1919년 독일의 세균학자 파울 에를리히가 맨눈으로는 볼 수 없는 나선형의 미생물인 스피로헤타 때문에 생기는 병을 치료할 수 있는 약을 만들었다. 그 약의 이름은 살바르산이었다. 600 하고도 다섯 번이나 실패한 끝에 만들게 된 약이라 해서 사람들은 그 약을 606호라 부르기도 했다. 그러나 그 약은 미생물 때문에 생기는 병에만 효과를 보일 뿐, 연쇄상구균에는 어떤 효력도 미치지 못했다.

이렇게 되자 바이엘 사 약품연구부에서 일하는 젊은 학자 미치와 클라레드는 더욱더 연구에 박차를 가했다. 그러나 그들의 정성어린 도움을 받으면서 연구에 몰두한 도마크는 쉽게 약을 만들어 내지 못했다.

연쇄상구균 때문에 고통받는 사람은 시간이 흐를수록 점점 늘어만 갔고, 연구에 심혈을 기울였던 도마크는 별다른 성과도 없어 피곤하고 우울했다.

'연쇄상구균. 그 균은 어떤 균이기에 죽일 수가 없는 걸까?'

그러나 도마크는 그 동안 해 왔던 수많은 다른 연구도 그랬듯이,

노력 끝에 언젠가는 꿈을 이루리라는 기대를 버리지 않았다.
 그러던 어느 날, 연쇄상구균을 죽일 수 있는 노란색 물질이 있다는 기사가 실린 잡지를 우연히 보게 된 도마크는 무슨 영감을 얻은 듯 급히 미치와 클라레드를 찾았다. 잡지에 실린 그 짧은 기사에서 실마리를 찾은 그들은 다시 연구에 몰두했다. 물론 지금까지의 연구 방향을 바꿔 새롭게 진행했다.
 그로부터 얼마 뒤 그들은 크리소이진과 설폰아미드라는 화합물을 반응시켜 붉은색 물질을 만들게 되었는데, 이 물질도 시험관 속에서는 연쇄상구균을 죽이는 놀라운 연구 결과를 낳았다.
 '드디어 성공한 모양이다. 그렇지만 시험관 실험만으로는 안전성도 효력도 전혀 믿을 수가 없어, 동물이나 인체 실험을 해 봐야 할 텐데……'
 그들은 먼저 흰쥐를 이용해 동물 실험을 하기로 했다. 실험용 흰쥐 몇 마리를 두 무리로 나누어, 모든 쥐들에게 연쇄상구균을 주사했다. 그리고 새로 개발한 붉은색 물질을 한 쪽의 흰쥐들에게만 먹였다.
 하루가 지나자 두 무리로 나누어 놓은 쥐들 가운데 치료약을 먹지 않은 쪽 쥐들은 모두 죽어 있었다. 즉, 연쇄상구균이 감염되고 나서 새로운 치료약을 먹은 쥐들만이 살아 있었던 것이다. 흰쥐 실험은 성공했다. 그러나 아직 사람에게 어떤 효력이 있을지는 알 수 없었다.
 그러던 가운데 도마크의 아들이 패혈병으로 중태에 빠지게 되었다.

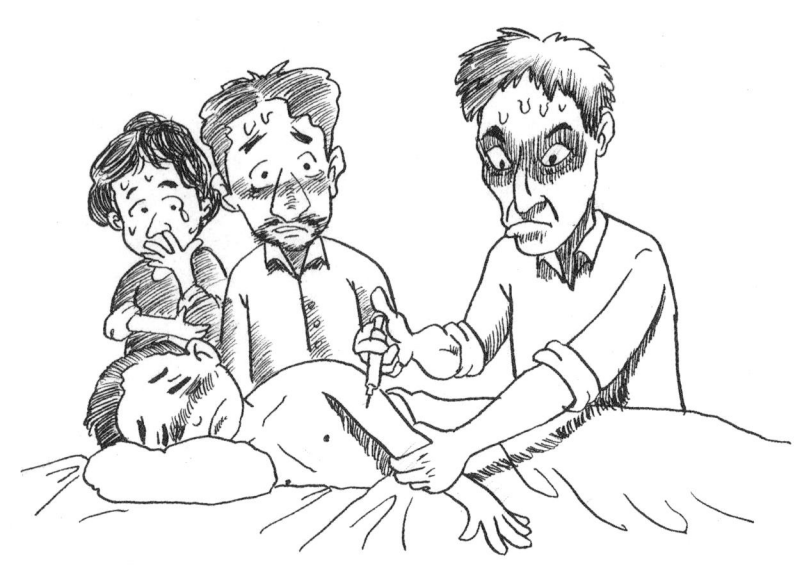

　의사한테서 아들이 가망이 없다는 말을 듣자 도마크는 하늘이 무너지는 듯했다. 그는 혹시나 하는 마음으로 자신이 개발한 약을 아들에게 써 보기로 마음 먹었다. 아들의 입을 벌리고 약을 떠먹인 도마크는 초조한 마음으로 밤을 지샜다.
　아침이 되자 밤새 앓던 아들이 나아졌는지 자리에서 일어나 밝게 웃었다. 도마크는 아들의 손을 잡고 기쁨의 눈물을 흘렸다.
　그리하여 엉겁결에 인체 실험까지 성공한 도마크와 두 학자는 연쇄상구균을 없애는 새로운 약을 크론토질이라는 이름으로 세상에 내놓았다.
　크론토질은 몸 속에서 크리소이진과 설폰아미드로 분해되는데, 설폰아미드가 세균을 죽이는 작용을 하는 것이다.

그 뒤, 더욱 많은 과학자들이 연구를 거듭해 다이아진, 구아니진과 같은 약을 개발하여 지금까지 많이 쓰이고 있다.

도마크는 이 새로운 약을 발명한 공로로 1931년에 노벨 의학상을 받는 영광을 안았다.

해열제의 대명사

카를의 아스피린

바이엘 회사가 만든 유명한 해열제 아스피린을 모르는 사람은 아마 없을 것이다. 해열제 하면 곧 아스피린을 떠올릴 정도로 해열제의 대명사가 된 아스피린. 아스피린은 생긴 지 110여 년이 지난 지금까지도 변함없는 인기를 누리고 있다.

그러나 인류의 질병을 치료하는 데 큰 도움이 되었던 이 약품도 사실 알고 보면 순간의 착상이 영글어 생긴 발명품에 지나지 않는다.

아스피린의 발명가는 화학자였던 카를 도이스베르크였다. 그는 이 발명으로 세계 제일의 제약업체에서 우두머리가 되는 행운을 누렸다.

1883년 가을 무렵이었다. 카를 도이스베르크는 바이엘 에르버펄

트라는 물감 회사를 차렸다. 꿈에 부풀어 세운 회사였던 만큼 카를은 밤낮을 가리지 않고 열심히 일했다.

그러던 어느 날이었다. 무심코 신문을 뒤적거리던 그는 신문 한 귀퉁이에 난 색다른 기사에 눈이 갔다. 기사는 안티피린이라는 해열제가 발명되었다는 간단한 내용이었다. 그러나 신문 기사 제목은 카를의 관심을 끌기에 충분한 것이었다.

'실수로 탄생한 약품, 해열제 안티피린'.
그는 의아하게 생각하지 않을 수 없었다.
'아니, 약품이 실수로 탄생하다니, 그런 일도 있나?'

호기심이 발동한 카를은 나머지 기사를 주의 깊게 읽어 내려갔다. 기사의 내용은 대충 다음과 같았다.

"전부터 나프탈렌에 해열 성능이 있다는 이야기가 사람들 사이에 전해지고 있었다. 이러한 이야기에 관심을 갖고 있던 두 젊은 의사가 개의 열을 내리는 실험에 나프탈렌을 써 보기로 했다. 그런데 이 과정에서 실수를 했다. 나프탈렌을 사려고 약국에 간 이들에게 약국 주인이 에세트아닐리드라는 엉뚱한 약품을 준 것이다. 그러나 운 좋게도 에세트아닐리드의 해열 성능은 나프탈렌보다 훨씬 더 좋았다. 의사들은 바로 이 점에서 힌트를 얻어 새로운 해열제를 연구하기 시작했다. 마침내 그러한 노력의 결과로 새로운 약품을 만들었으니 바로 안티프린이다."

그는 기사를 다 읽고 나서 놀라움을 감추지 못했다.
'그렇게 우연한 기회에 약품을 발명하다니……. 발명이란 꼭 어렵고 복잡한 것만은 아니구나.'

해열제의 대명사

신문을 밀어 놓고 카를은 자신의 공장 뜰을 생각하게 되었다. 바이엘 에르버펠트 회사의 뜰은 언제나 갖가지 쓰레기더미로 가득했다. 물감을 만들고 남은 폐기물을 그곳에 쌓아 두었기 때문이었다. 그 순간이었다. 문득 그의 머리를 스치는 생각이 있었다.

'가만 있자……. 혹시 그렇다면? 그 쓰레기로 새로운 약품을 만들 수 있을지도 모른다!'

카를은 버리려고 했던 폐기물이 귀한 원료가 될지도 모른다는 생각을 하게 되었다. 그의 생각은 훗날 그대로 맞아떨어졌다.

카를은 회사 연구원들과 머리를 맞대고 연구에 몰두했다. 그리고 마침내 오랜 노력의 결과로 안티피린보다 효과가 뛰어난 해열제를 만들어 내게 되었다.

그는 완성된 약품을 페나세틴이나 아스피린이라는 이름을 붙여 생산에 들어갔다. 아스피린은 뛰어난 효과가 점차 알려지면서 날개 돋친 듯 팔려 나갔다.

아스피린은 해열제의 대명사로 인기와 명성을 지금까지도 지키고 있으며, 새로운 병의 치료에도 쓰이는 등 그 쓰임새가 넓어지고 있다.

의약계의 숨겨진 구세주

듀보스의 항생제

플레밍은 플로리, 체인과 함께 페니실린을 발견한 업적으로 1945년 노벨 의학·생리학상을 탔으며, 그에 대한 이야기는 많은 사람들이 잘 알고 있다. 그러나 항생제 발견에 선구자 역할을 한 듀보스는 잘 알려져 있지 않다.

르네 듀보스는 1901년 파리 교외의 작은 도시 생브리스에서 태어났다. 그는 1919년 파리 샤탈대학을 나온 뒤 류마틱 열병에 걸려 다른 대학원의 입학 시험을 치를 수 없어 국립농업연구소에 들어갔다.

1924년 그는 미국으로 가는 배에서 럿거스대학의 세균학 교수인 셜만 와크스맨과 만나게 된다. 배가 미국 항구에 닿기 전에 와크스맨은 듀보스에게 럿거스대학 대학원에 들어갈 것을 권했다.

1927년 듀보스는 럿거스대학원 세균학 박사 학위를 받고 나서도 연구를 계속하였다. 그러던 가운데 듀보스는 미생물학을 연구할 수 있는 가장 좋은 장소는 격리된 연구실이 아니라 복잡한 상호작용을 하는 환경이며, 그곳에서는 미생물학에 관한 중요한 실마리가 풀린다는 소련 토양 미생물학자 세르게이 비노그라드스키의 논문에 큰 감명을 받았다.
　이런 접근법은 듀보스에게 평생을 두고 큰 영향을 미쳤다. 그래서 그는 어떤 목적에도 잘 맞는 미생물을 관리하는 방법을 이용하여 토양 조작 기술을 개발하기 시작했다.
　그 당시 듀보스에게는 록펠러 의학연구소(록펠러대학의 전신)에서 초청장이 날아와 곧 그곳으로 떠났다.
　우연한 기회에 유명한 세균학자 오스왈드 에이버리와 자리를 함께한 듀보스는 그와 많은 이야기를 나누게 되었다. 에이버리가 치명적인 타입Ⅲ 폐렴구균의 다당류 코팅을 용해할 미생물을 발견하는 데 관심을 보이자 듀보스는 자신의 토양 조작 기술에 대해 자세히 설명했다.
　세균을 치명적으로 만든다는 것은 바꿔 말해서 숙주의 방어력으로 코팅이 용해되지 않았다는 것을 뜻하는 것이다.
　듀보스는 이런 미생물이 반드시 존재하거나 또는 다당류가 대량으로 자연스럽게 축적되고 있을 것이라고 생각했으므로, 자신 있게 그 미생물을 찾아낼 수 있다고 에이버리에게 말했다.
　"나도 당신의 생각에 동의합니다."
　에이버리는 듀보스의 설득력 있는 설명과 자신 있는 태도가 무척 마음에 들었다.

"록펠러 연구소에 자리가 하나 있는데 오셔서 연구할 생각은 없는지요?"

듀보스는 흔쾌히 승낙했다. 그로부터 3년 뒤, 그는 늪에서 나온 토양 샘플에서 바라던 미생물을 발견했으며, 거기에서 코팅을 용해하는 효소를 추출해 냈다.

이 효소는 항생물질은 아니었다. 그 이유는 이 효소가 실제로 세균을 죽이는 것이 아니라 다당류 코팅을 제거함으로써 피해숙주의 방어능력이 나머지 일을 치르게 하기 때문이다. 그러나 이것은 폐렴에 감염된 생쥐를 치유할 정도로 효과가 있었다.

스퀴브 의학연구소 명예소장인 조지 매칸네스는 듀보스의 업적에 대해 이렇게 말했다.

"그는 항생제의 원료를 자연에서 찾기 위한 바탕을 마련했으며, 찾을 수 있는 방법을 제시하여 주었다."

그 뒤, 듀보스는 세균을 완전히 소화하는 미생물을 찾으려고 노력하면서 1930년대 말까지 토양 조작 방법을 계속 연구해 나갔다.

1939년 2월 듀보스는 세균 공격 미생물인 '바실리스 브레비스'의 관리에 관한 최초의 보고를 발표했다. 이것은 폴리펩티드 타이로시덴과 그라미시딘으로 되어 있다는 것이 밝혀졌다. 특히 그라미시딘은 동물 감염에 방어 효과를 발휘한다는 것이 드러났다. 그는 토양 미생물 사이의 서로 대립적인 원리를 조직적으로 연구하여 처음으로 항균 원리를 밝혀 낸 것이다.

 한편 항균 메커니즘에 관해 순수한 학문적인 연구에 착수했던 플로리와 체인은 듀보스의 연구 결과를 알게 됨으로써 페니실린과 같은 미생물 연구에서 조직적인 기법이 얼마나 중요한가를 깨닫게 되었으며, 미생물이 지닌 화학요법의 잠재력도 알게 되어, 마침내 페니실린 치료제 개발에 성공하게 된 것이다.
 듀보스가 발견한 최초의 항생제 그라미시딘은 독성이 너무 강해서 사람에게 사용할 수는 없었으나, 폐렴구균·포도구균·연쇄구균과 같은 그램 양성 병원균으로부터 동물을 보호하는 데는 성공적으로 이용되었다.
 1939년 만국 박람회에 출품된 보덴 소떼들이 유선염에 걸렸을 때 설퍼약으로는 효과를 보지 못했으나 그라미시딘은 뛰어난 효과를 보여 주었다.

 그는 항생물질 연구에서 선구적인 업적으로 1942년 하버드대학에서 명예 이학박사 학위를 받은 것을 비롯해 11개 대학에서 이학 및 의학박사 학위를 받았다. 또한 1964년 로버트 코흐 백주년기념상, 미국의학협회상, 1966년 미국태평양과학센터 금상 등 수상경력이 수십 회에 이른다.

사라진 세균

플레밍의 페니실린

페니실린의 발견은 인류의 역사에서 빼놓을 수 없는 위대한 발견으로 기록되어 있다. 항생물질의 하나인 이 페니실린은 영국의 세균학자 플레밍이 1929년에 발견했다.

하등균류에 속하는 곰팡이에서 분리, 배양시킨 이 물질은 당시만 해도 난치병이던 질병을 고쳐서 세계 많은 사람들의 목숨을 구해 냈다.

알렉산더 플레밍은 1881년 스코틀랜드의 농가에서 태어났다. 그는 공예대학을 졸업한 뒤 의학에 뜻이 있어 다시 세인트메리 의학교에 진학했다. 그 학교에는 당시 장티푸스 예방주사의 발명가인 서옴러스 라이트라는 훌륭한 의학자가 있었다.

플레밍은 라이트 박사의 조수로 일하는 한편, 나름대로 열심히 연구했다. 그 결과 그는 훌륭한 실험 병리학자(병의 원인을 탐구하기 위해 병체의 조직, 기관의 형태, 기능의 변화 등을 조사하고 규명하는 학자)가 되었으며, 1928년부터는 런던대학의 교수를 겸임했다.

1928년 런던의 한 연구실에서 당시의 어린이들에게 흔한 부스럼의 원인이 된 포도 모양의 병균을 연구하던 플레밍은 실험용 접시 위에 이상한 현상이 나타난 것을 발견했다.

젤라틴이 깔린 7~8개의 유리접시 가운데 유독 한 개의 젤라틴 위에 푸른 곰팡이가 생긴 것이다. 플레밍은 실험이 잘못되었다고 판단하고 곰팡이가 핀 접시를 치우다 더욱 이상한 현상을 발견했다. 접시 위에 잔뜩 퍼져 있던 세균이 오간 데 없이 사라진 것이다. 플레밍은 의아했다.

'도대체 무엇이 이 세균을 사라지게 했을까? 세균이 이처럼 깨끗하게 사라진 걸 보면 분명 강력한 살균력을 가진 무언가가 작용했을 텐데……'.

생각 끝에 플레밍은 접시 위에 생긴 푸른 곰팡이를 조사해 보기로 하였다.

플레밍은 곧 자신의 실수 때문에 그런 현상이 나타난 것임을 깨달았다. 그는 접시 뚜껑을 열어 놓은 채 연구실에서 나왔다. 그런데 우연하게도 그 잠깐 사이에 곰팡이의 포자가 날아 와 붙었던 것이다.

사실 푸른 곰팡이의 종류는 650여 가지나 되었고, 변형종만도 몇천 가지이지만 정작 페니실린의 원료가 될 수 있는 것은 몇 종류에 지나지 않는다. 그러니까 플레밍이 실수했을 때 마침 페니실린의 원료가 되는 푸른 곰팡이가 날아왔다는 것은 굉장한 우연이었다.

'그래. 어쩌면 이 발견이 온 인류에게 큰 희망을 줄지도 모른다.'

플레밍은 먼저 푸른 곰팡이를 많이 배양하기 위해 유리접시 위에 한천을 깔고 곰팡이 포자를 키웠다. 곧 한천 위에는 솜털 같은 곰팡이가 피어났다.

플레밍은 두근거리는 가슴으로 첫 실험을 시작했다. 그는 푸른 곰팡이 위에 다른 접시에서 배양해 낸 병균을 놓아 보았다. 그 병균은 디프테리아균, 장티푸스균, 그리고 폐렴, 복막염 등을 앓게 하는 포도 모양의 구균, 사슬 모양의 구균 등이었다. 그가 예상한 대로 장티푸스균과 대장균을 뺀 나머지 병균들은 곰팡이 때문에 모두 죽어 버렸다.

플레밍은 푸른 곰팡이가 병균을 죽이는 훌륭한 약으로 쓰일 수 있다는 확신을 갖게 되었다. 그러나 이것을 사람의 몸에 사용했을 때 아무런 부작용이 없을지 생각해 보지 않을 수 없었다. 그래서 그는 동물 실험을 해 보기로 하고, 모르모트에게 주사를 했다. 다행히 모르모트에게는 아무런 이상도 생기지 않았다.

'이쯤 되면 사람에게 주사해도 아무 이상이 없겠다.'

플레밍은 연구 결과에 확신을 얻어 〈곰팡이의 배양물이 세포에 작용하는 성질, 특히 인플루엔자균 분리의 이용에 대하여〉라는 제목으로 논문을 발표했다. 그러나 그의 논문이 곧바로 인정받은 것은 아니었다. 그 뒤에도 플레밍은 계속해서 페니실린 연구를 했

고, 사람들은 그를 두고 푸른 곰팡이에 미쳤다고까지 말했다. 그러다가 1940년 즈음에 비로소 플로리와 체인이라는 두 교수가 플레밍의 연구를 완성시키기에 이르렀다.

 플로리와 체인 교수팀은 액체 페니실린을 주황색 가루로 만드는 데도 성공했다. 그들은 생쥐를 이용한 실험을 마치고 다른 여러 실험동물들에게도 페니실린을 주사해 거듭 실험했다. 모두 성공을 거두었다.

 제2차 세계대전 기간 동안에 옥스퍼드대학의 연구실에는 페니실린을 많이 생산할 수 있는 시설이 갖추어지고, 마침내 첫 인체

제1부   흙 속의 미생물을 눈여겨 보라

실험이 시도되었다. 플로리와 체인은 치료가 늦어 죽을 날이 얼마 남지 않은 환자에게 페니실린 주사를 놓았다. 그랬더니 환자는 고열 증세를 나타냈다. 페니실린은 인체에 열을 내는 부작용이 있었던 것이다. 그러나 두 사람은 끈질긴 연구 끝에 약 속에서 발열 성분만을 없애는 데 성공했다.

1941년 2월 21일, 이번에는 포도 모양과 사슬 모양의 병균 때문에 패혈증에 걸린 환자에게 페니실린을 주사했다. 약의 효과는 곧 나타나 환자는 빠른 속도로 회복되어 갔다. 그러나 불행히도 그 환자는 치료 도중 약이 떨어지는 바람에 죽고 말았다.

1942년 8월, 드디어 페니실린을 대량으로 생산할 수 있게 되었다. 독일군의 침공을 피해 미국으로 연구실을 옮긴 플로리와 체인은 뇌막염에 걸린 친구에게 페니실린을 주사했다. 병세가 악화되던 친구의 체온이 정상으로 돌아오자 플로리는 친구의 근육과 척추에 주사를 놓았다. 결과는 대성공이었다.

페니실린의 약효가 알려지자 페니실린 위원회가 발족되었고, 연구는 더욱 발전하여 푸른 곰팡이가 아니더라도 같은 원료의 조합이 가능하게 되었다.

1945년, 플레밍과 플로리, 체인 세 사람은 노벨 의학상을 받았다.

흙 속의 미생물이 힌트

왁스만의 스트렙토마이신

20세기 후반에는 항생물질의 시대라고 불릴 만큼 다양한 치료제가 발견되었다. 이러한 치료제의 발견은 질병에 걸린 많은 사람들을 고통과 죽음의 두려움에서 구해 내었다.

오늘날 결핵, 적리(이질설사)의 치료약으로 사용되는 스트렙토마이신. 이 스트렙토마이신은 왁스만 박사가 흙 속의 미생물에서 발견해 내었다. 플레밍이 발견한 페니실린은 푸른 곰팡이에서 뽑아낸 항생물질이다. 이처럼 미생물에서 새로운 화학치료제를 발견할 수 있다는 사실은 인류에게 큰 희망을 안겨 주었다.

이러한 치료제들은 놀라운 약효를 지니고 있었으므로 미국을 비롯한 여러 나라의 과학자들은 새로운 화학치료제를 발견하기 위해 경쟁하듯 연구하고 있었다. 왁스만 박사는 미국 뉴저지 주의 농사 시험장 연구실에서 연구하고 있었다. 그의 연구란 배양그릇에서 자라는 티푸스균과 같은 세균에다 흙 용액을 섞어 관찰하는 일이었다. 그러던 어느 날이었다.

'아니, 이게 어찌 된 일이지? 세균이 모두 죽어버렸잖아.'

왁스만은 흙 용액이 묻은 세균이 모두 죽어버린 사실을 발견했다.

'그래. 흙 속의 미생물이 세균을 죽인 거야. 그걸 찾아내야겠다.'

왁스만은 열심히 실험과 연구를 계속했다. 그리고 드디어 완두콩 속에는 5천만 개가 넘는 많은 세균이 있다는 사실을 밝혀냈다. 동식물을 땅속에 파묻으면 나중에는 썩어 버리는 것은 바로 흙 속의 세균 작용 때문이다.

눈에 보이지는 않지만 흙 속에는 이러한 세균간의 치열한 싸움이 계속되고 있다. 이러한 싸움에서 새로운 세균이 탄생하는가 하면 침입한 세균이 죽어버리기도 한다. 그러나 어떠한 작용 때문에 세균이 죽는지 그때까지 아무도 모르고 있었다.

왁스만은 미생물과 흙에 관한 연구를 계속했다.

그 무렵 프랑스의 세균학자 드뷔시 박사가 티로트리신이라는 물질을 발견했다. 티로트리신은 포도상 구균을 죽이는 데 효과가 있었다. 땅속의 프레이비스균이 만드는 티로트리신은 상처에 바르는 약으로 사용되었다.

이 사실을 알게 된 왁스만은 구체적으로 이러한 물질을 생산하는 미생물 연구를 하였다. 또한 연구가 진행되는 과정에서 영국의 플레밍이 발견한 페니실린이라는 약도 만들어 냈다.

그러나 왁스만은 여기에 그치지 않고 연구를 계속했다. 그는 페

니실린에도 죽지 않는 세균을 죽일 수 있는 연구를 계속했다. 이 연구는 매우 어려웠지만 왁스만은 끈질긴 의지로 이겨나갔다. 그리하여 마침내 포도상 구균, 장티푸스, 적리균 등이 죽는 놀라운 약을 발견하였다. 그의 기쁨은 이루 말할 수가 없었다.

그러나 동물 실험에서는 실패했다. 매우 심한 해독이 일어났기 때문이다. 왁스만은 실망하지 않고 흙 속의 세균들을 다시 조사해 보기로 했다. 흙 속에서 그가 관찰한 미생물의 수는 무려 1만 개에 가까웠다. 왁스만은 그 가운데에서 세균을 죽이는 힘을 가진 1천 개 정도의 미생물을 가려냈다. 그리고 이 가운데서 다시 연구할 가치가 있는 10개의 미생물을 가려냈다.

이러한 연구는 4년 동안이나 계속되었다. 어느 날, 왁스만은 함

흙 속의 미생물이 힌트

께 연구하고 있던 셔츠의 시험관을 보고 깜짝 놀랐다. 그는 긴장된 표정으로 셔츠에게 물었다.
"아니, 이게 어찌 된 일이오? 무엇을 넣었기에 이처럼 세균이 죽어 있는 거요? 자세히 봐요, 이것을!"
시험관 속에는 장에 병을 일으키는 병원균이 무슨 이유에서인지 죽어 있었다.
"연구실 뒤뜰 땅속에 있는 미생물을 넣은 것입니다. 박사님!"
셔츠가 대답했다. 왁스만 박사는 곧 이 미생물에 대하여 집중적으로 연구하기 시작했다. 바로 이 미생물이 스트렙토마이세스 그리세우스라는 것으로, 이 미생물을 자라게 한 액이 페니실린으로도 죽지 않는 세균을 죽였던 것이다.
스트렙토마이세스 그리세우스는 장티푸스균, 결핵균은 물론 지금까지 어떤 약으로도 효력이 없었던 다른 균을 죽였다. 이러한 놀라운 약효에 왁스만과 연구실의 모든 연구원들은 그저 놀라워할 뿐이었다.
1944년, 왁스만은 이 놀라운 위력을 가진 새로운 약을 스트렙토마이신이라고 이름지었다. 그리고는 곧 세상에 스트렙토마이신을 소개하였는데 약효는 순식간에 세계에 알려졌다. 특히 결핵을 앓던 많은 환자들에게는 가뭄에 단비 같은 희소식이었다. 스트렙토마이신은 오늘날 결핵, 적리의 치료약으로서 큰 효력을 나타내고 있다.
이 스트렙토마이신 말고도 클로로마이신, 오레오마이신, 테라마이신 등도 모두 땅속에 있는 방선균에서 만든 치료제이다. 이것

제1부 흙 속의 미생물을 눈여겨 보라

은 각각 장티푸스, 발진티푸스, 백일해 같은 병을 치료하는 데 사용되고 있다.

  스트렙토마이신의 발견으로 인류에 크게 공헌한 왁스만 박사. 그는 이 공로로 1953년 1월에 노벨 의학상을 받았다.

흙 속의 미생물이 힌트

606번째 실험의 성공

● 에르리히의 매독 치료제

19 10년까지만 해도 매독은 불치의 병이었다. 요즘의 에이즈만큼이나 무서웠던 병으로 그 발병 원인이나 결과도 거의 비슷했다.

이 무서운 병의 치료제를 발명한 사람이 바로 폴 에르리히이다. '살바르산'으로 불리는 이 기적의 약품은 에르리히가 606번째 실험에 성공하여 얻은 것이라 해서 '606'으로 불리기도 한다.

에르리히는 의과대학에 다닐 때부터 화학 물질이 동물조직에 미치는 영향에 대해 남다른 관심을 가지고 있었다. 대학을 졸업한 뒤에도 그의 관심은 여전하여 마침내 어떤 염료가 어떤 조직을 물들이며, 어떤 조직은 물들이지 않는다는 사실을 알아냈다. 또 어떤 화학 물질은 특정한 생체조직에 친화력을 지니고 있다는 것도 알아냈다. 그는 이런 염색기술의 연구로 새로운 종류의 세포를 발견할 수 있었다.

　에르리히의 연구는 그 뒤에도 계속되어 특수한 염색법에 따라서 생체세포와 병원균을 확실히 구분할 수 있다는 사실을 알아냈다. 또한 계속되는 실험과 연구로 그는 결핵균을 염색하는 방법을 발견하기도 했다.

　에르리히는 몸을 돌보지 않을 만큼 무리하게 연구를 하는 바람에 자신이 결핵에 걸리고 말았다. 그러나 1년 동안의 휴양으로 건강을 되찾은 그는 다시 연구를 시작했다.

　에르리히는 독일의 미생물학자 코흐의 초청으로 코흐 연구소에서 일하게 되었다. 이곳에서 에르리히는 디프테리아 세균에 관심을 갖게 되었다.

　한편 독일의 의사 베링은 파상풍, 디프테리아 세균 독소가 신체 세포에 침입하여 항독소를 만들어 내고, 이것은 다른 세균의 독소를 중화시킨다는 사실을 알아냈다. 또한 이 항체는 병균으로부터 처음 공격을 받았을 때 형성되며, 그 다음에는 항체가 투입된 동물에 면역이 생긴다는 것을 알아냈다.

　에르리히는 염색 방법을 써서 이 항체를 드러내 보일 연구를 시작했다. 그리고 베링과 함께 측면연쇄론을 확립하였다. 이 이론은 항체가 어떻게 형성되며 어떤 작용을 하는가를 밝힌 것이었다.

　그 뒤로도 에르리히는 여러 가지 질병에 따른 혈청 처리 연구를 계속하였다. 그러나 많은 병에 대해 혈청요법 하나만으로는 만족할 수 없었다.

　그는 다른 생체조직은 상하지 않고 병원균만을 죽이는 화학약품의 발명에 힘을 기울였다. 즉, 그가 원하는 것은 실험동물에는 아무 해가 없이 오직 병원균만을 죽이는 화학약품을 얻는 것이었다.
　에르리히는 이러한 화학약품을 얻기 위해 끊임없이 실험과 연구에 열중하였다. 그가 실험해서 얻은 화학약품의 수도 계속 늘어갔다.
　화학약품이 1호에서 시작하여 121, 122, 290, 300호로 늘어났다. 그렇지만 신통한 효과를 얻지는 못했다. 화학약품이 418호에 이르러서야 간신히 비소화 페닐글리신이 만들어졌다. 이 비소화 페닐글리신에는 아프리카의 수면병을 일으키는 트리파노솜균을 죽이는 강력한 힘이 있었다. 그러나 그는 418호에 그치지 않고 실험을 계속했다. 화학약품의 수도 600을 넘어서 601, 602, 603호에 이르렀다.
　606호는 디하이드록시디 아미노 벤젠(염화수소)이었다. 이 화합

606번째 실험의 성공

물은 처음에는 아무런 효과가 없는 듯하였다.
 그 뒤로 2년이 지난 어느 날이었다. 606호의 재실험을 하던 에르리히 박사는 깜짝 놀랐다.
 '이럴 수가! 스피로헤타 병원균이 이렇듯 깨끗하게 죽다니! 정말 놀라운 일이다.'
 그도 그럴 수밖에 없었다. 606호 화학약품이 지독한 매독균인 스피로헤타 병원균을 강력한 힘으로 죽이고 있었던 것이다.
 당시 매독이라면 변변한 치료약 하나 없어 한번 걸렸다 하면 고생 끝에 죽고 마는 그런 병이었다. 매독에 대한 두려움은 요즈음 사람들의 에이즈에 대한 공포와 다를 것이 없었다.
 에르리히는 확신을 얻기 위해 수없이 실험을 거듭했다.
 1910년에 드디어 에르리히는 606호의 효과를 발표하였다. 이 소식을 접한 세계는 놀라움과 기쁨을 금치 못했다. 가장 비극적인 불치병이라 하던 매독이 정복되었던 것이다.
 에르리히는 606호의 화학약품을 살바르산이라 이름지었다. 이는 '안전한 비소'라는 뜻이다.
 살바르산은 화학요법의 하나로, 투병을 위해 인류가 거둔 최초의 커다란 승리였다.
 부자가 되려는 생각이 없었던 에르리히였지만 살바르산이 전세계로 날개가 돋친 듯 팔려 나가는 바람에 큰 부자가 되었다. 그것은 또한 합성 화학약품 곧, 의약산업 개발의 시초가 되었다. 독일에서는 이를 계기로 최초의 화학약품 공장을 설립하게 되었다.

두 갈래 길의 비밀

코흐의 잠자는 병 치료제

　탄저병균과 콜레라균 등을 발견하고, 병균 때문에 생기는 전염병의 예방책을 마련한 19세기 최대의 세균학자인 로베르트 코흐. 그는 탄저병균과 콜레라균 말고도 페스트, 말라리아, 수면병 등의 연구를 위해 세계 곳곳을 다니며 연구를 했다.

　독일에서 태어나 평생 동안 세균학 연구에 전념한 코흐는 1905년 노벨 의학상을 받기도 했다.

　정부의 위촉으로 아프리카에 파견된 코흐는 아프리카의 풍토병인 수면병 연구를 위해 바쁜 나날을 보내고 있었다. 수면병이란 말 그대로 잠든 상태가 오래 지속되다가 결국은 혼수상태가 되어 죽는 그런 병이었다.

　날이면 날마다 정보를 수집하고 자료를 모아 분석하였으나 잠자는 병의 원인을 알 수가 없었다. 이 잠자는 병에 걸린 환자는 하루가 다르게 늘어만 갔고, 치료약은커녕 원인조차 알 수 없었으므로 잠든 채 죽어가는 사람들을 볼 때마다 코흐는 마치 자신에게 책임이 있는 것처럼 느껴졌다.

주민들은 하나 둘씩 얼굴이 고단해 보였고, 그것을 시작으로 두통을 일으키다가 팔다리와 얼굴이 부어 오른 채 잠이 들고는 영영 깨어나지 못했던 것이다.

이 지방의 풍토병인 잠자는 병은 이렇게 하여 원주민의 목숨을 끊임없이 앗아갔다.

코흐는 연구의 실마리도 잡지 못하고 초조하고 안타까워하면서 어쩔 줄을 몰랐다.

어느 날, 코흐는 연구하느라 쌓인 피로도 풀고 생각도 정리할 겸 작은 실개천을 따라 산책을 나섰다. 한참을 걸어가다 갑자기 두 갈래로 갈라진 길이 보이자 코흐는 어느 길로 갈 것인가 잠시 망설였다.

그런데 마침 들것에 실려 나가는 잠자는 병 환자들을 보게 되었다. 코흐는 들것에 실려 나오는 환자들을 보면서 문득 궁금한 것이 있었다. 환자들을 태운 들것이 두 갈래로 난 길 가운데 꼭 한쪽에서만 실려 나오고 있었기 때문이었다. 그래서 그는 한 원주민에게 물었다.

"이쪽 길에서는 환자가 한 사람도 실려 나오지 않는데 어찌된 일인지 모르겠군. 자네는 혹시 알고 있나?"

"아닙니다. 저도 잘 모르겠는데요. 하지만 오늘뿐 아니라 지금까

지 줄곧 이 길에서는 환자가 실려 나오는 것을 거의 보지 못했습니다."

주민의 말을 다 듣고 난 코흐는 무언가 실마리가 잡힐 것 같은 느낌이 들었다.

'주민의 말이 사실이라면, 그 이유는 대체 뭘까? 한 쪽 마을에는 병이 발생하는 조건이 있지만 다른 마을에는 그것이 없기 때문이 아닐까? 그래, 그 생각이 맞을 거야. 그렇다면 한 쪽에만 존재하는 병의 원인은 도대체 무엇이란 말인가?'

"이보게. 저쪽에는 있지만 이쪽에는 없는 것이 있다면 그것이 무엇인지 알겠나?"

"글쎄요······. 악어가 아닐까요? 저쪽에는 악어가 무척 많은데

두 갈래 길의 비밀

이쪽에는 아마 악어가 없을 겁니다."

그 말을 들은 코흐는 악어가 있는 마을 쪽에 잠자는 병을 일으키는 조건이 있을 거라는 생각이 들었다. 그리고 그것을 조사해 보기로 했다.

코흐는 그 악어의 상태를 관찰했다. 그리고 악어의 몸에 붙어 있는 말파리도 잡아 조사를 시작했다. 말파리를 조사하던 코흐는 마침내 그로시나 팔파아리스라는 병원체를 말파리의 체내에서 발견하게 되었다.

전혀 알 수 없었던, 잠자는 병에 대해 실마리조차 잡을 수 없었던 연구에 드디어 희망의 빛이 보이기 시작했다. 코흐가 밝혀낸 바로는, 악어에 붙어 있는 파리를 통해서 사람의 몸속으로 침입한 병원체가 사람의 피 속에 기생하면서 병을 일으킨다는 것이었다.

이리하여 코흐는 오랜 세월 아프리카 원주민을 괴롭혀 온 잠자는 병의 예방법과 치료법에 대한 대책을 세울 수 있게 되었다.

코흐가 만일 방 안에만 틀어박혀 입수된 자료만을 가지고 연구를 했다면 이 같은 결과는 얻을 수 없었을지도 모를 일이다. 또 들것에 실려 나오는 환자들을 유심히 관찰하는 눈이 없었던들 이 놀라운 일을 해 내지 못했을 것이다.

아무튼 코흐는 학자로서의 사명감 이전에 아프리카 원주민에 대한, 아니 온 인류에 대한 애정이 있었기 때문에 큰 업적을 쌓을 수 있었던 것이다.

웃기는 기체의 기적

데이비의 마취제

오늘날 여러 수술에는 마취제가 사용된다. 그래서 거의 통증 없이 수술을 할 수 있다. 또한 부위에 따른 마취도 가능하여 의사가 편안한 마음으로 수술을 할 수 있게 되었다.

마취제는 화학 분야가 급속히 발전하던 18세기 말 무렵 영국의 험프리 데이비가 처음 발견했다. 소기라고 하는 웃기는 기체 즉, 아산화질소가 발견되면서 이것이 마취제로 활용되기 시작하였다.

마취제가 발명되기 이전의 수술이란 정말 끔찍하고 소름끼치는 것이었다. 절단수술을 하려면 환자를 수술대 위에 꽁꽁 묶고 여러 사람이 옆에서 붙들어 주어야만 했다.

수술의 아픔을 덜기 위해 대마초나 아편 같은 마약을 사용한 기록도 있다. 때로는 알콜이 들어 있는 음료나 술을 환자에게 잔뜩 먹이기도 했다. 그러나 이와 같은 방법은 수술받는 환자의 고통을 일부만 덜어줄 뿐 근본적인 대책은 될 수 없었다.

화학마취제를 처음 발명한 험프리 데이비는 1778년 영국의 펜잔스라는 어촌에서 태어났다. 그는 어려서부터 시와 미술에 소질이 있었으나 가정 형편 때문에 의사의 길을 택하기로 결심했다.

데이비는 17세 때 외과의사와 약제사의 조수가 되었다. 시간이 지남에 따라 그는 의학보다 화학에 더 관심을 갖게 되었다. 당시는 화학 분야의 연구가 활발히 전개되어 기체를 다루는 기술이 빠르게 발전되던 때였다. 따라서 새로운 기체가 속속 발견되고 있었다. 또한 새로 발견된 기체가 사람에게 어떠한 영향을 미치는가에 관한 실험과 연구도 계속되고 있었다.

마침 그 무렵 영국의 과학자 조지 프리스틀리가 염화수소와 암모니아 가스를 처음으로 만들어냈다. 그는 특히 산소의 발견으로 이 기체가 냄새가 없고 마시면 기분이 상쾌해진다는 사실을 알아냈다. 새로운 기체의 발견과 이것이 사람에게 미치는 영향이 점점 커지자 1798년 영국 보스턴에 이에 대한 연구소가 설립되기에 이르렀다. 이 연구소에서는 여러 가지 기체가 환자에게 미치는 반응을 조사하였다. 연구소의 초대 소장에는 20세의 젊은 험프리 데이비가 임명되었다.

이 연구소에서 험프리 데이비는 여러 가지 기체의 의학적인 성질을 조사 연구했다. 그는 몸소 여러 가지 기체를 들이마시면서 실험을 했다. 그때 데이비는 아산화질소라는 기체에 특히 관심을 갖게 되었다. 어느 날 데이비는 질소와 산소의 화합물인 아산화질소를 마셔 보게 되었다.

'아! 몹시 기분이 좋아지는구나. 대체 이게 뭘까?'

데이비는 이 미지의 기체가 신비의 기체임을 확신하였다. 그는 이 기체를 마셨을 때 매우 흐뭇한 행복감에 취하였다. 나중에는 눈이 빙빙 돌고 의식이 몽롱해졌다. 데이비는 행복에 겨워 참을 수가 없었다.

데이비는 이 웃기는 기체를 소기(笑氣)라고 불렀다. 그는 가까운 친구들에게 이 소기를 마시도록 하였다. 그랬더니 그와 마찬가지로 그들도 기분이 좋아져서 웃고 떠들어대는 것이 아닌가. 그들은 실험실 안을 춤을 추며 돌기까지 하였다.

그는 학계에 이 소기의 특수한 성질을 보고하였다. 그의 발견은 대단한 인정을 받았으며, 마침내 아산화질소 즉, 소기는 최초의 마취제로 쓰이기에 이르렀다.

데이비는 이 업적으로 1800년에 런던 왕립연구소의 강사로 임명되었다. 데이비의 업적은 그뿐만이 아니었다. 그는 왕립연구소에 있는 동안 전기분해 기법에 대한 소식을 들었다.

'물이 아닌 다른 물질을 전기분해했을 경우에 어떻게 될까?'

데이비는 좀더 강력한 배터리를 만들어 광물에 대한 실험을 하였다. 그는 용융가성칼리에 전류를 흐르게 하여 금속입자를 얻어냈다. 그리고 이것을 칼륨이라 이름 붙였다. 그는 실험을 계속하여 소다에서 나트륨을 분해했고, 스트론튬마그네슘, 칼슘, 바륨 등의 분리에 성공했다.

더욱이 데이비의 큰 업적은 전기분해를 공업 공정에 사용하도록

하는 데 있었다. 이 방법은 아직도 광석에서 금속을 뽑아낼 때 사용되고 있다. 또 소다에서 나트륨을 뽑아내는 방법은 오늘날에도 나트륨을 분리할 때 사용되고 있다.

이러한 데이비의 업적이 더욱 높이 평가된 것은 광산용 램프의 발명 때문이었다. 당시 광산에서는 지하의 메탄가스 때문에 폭발 사고가 자주 일어났다. 광부들이 사용하는 촛불이나 램프가 발화 가스, 즉 메탄가스 때문에 발화하여 폭발했던 것이다.

마침내 그는 1815년에 금속망으로 감싼 램프를 발명하였다. 많은 양의 산소가 공급되어도 금속망이 열을 분산시키므로 불꽃의 표면은 언제나 메탄가스의 인화온도보다 낮았다. '데이비의 램프'로 알려진 이 램프는 많은 광부들의 생명을 구해 내게 되었다.

이처럼 데이비는 과학계뿐만 아니라 일반 대중들에게도 극찬을 받는 많은 발명을 하였다. 오늘날 수많은 환자들이 수술을 받을 때 통증을 없애 주는 최초의 화학마취제 발명, 안전램프의 발명 등 그가 인류에게 남긴 업적을 잊어서는 안 될 것이다.

자연 속의 구세주

비타민을 탄생시킨 사람들

17 34년 여름, 그린란드 근해를 항해하던 영국의 배 안에서 일어난 일이다. 항해하던 선원들 가운데 한 사람이 괴혈병에 걸려 신음하고 있었다. 그때만 해도 괴혈병은 죽을 병이라고 생각했기 때문에 선원들은 아직 죽지도 않은 환자를 외딴섬에 홀로 남겨 놓고 떠나 버렸다.

얼마 뒤, 환자는 의식을 되찾고 주위를 살펴보았다. 맨 먼저 눈에 띈 것은 영롱한 아침 햇살을 받아 탐스럽게 보이는 과실과 아침이슬이 채 마르지 않은 싱싱한 풀이었다.

환자는 자신도 모르는 사이에 손을 뻗어 그것들을 입으로 가져 갔다. 풀과 과실로 허기를 채운 환자는 다시 깊은 잠으로 빠져들었고, 그가 눈을 떴을 때는 이상하게도 몸이 가뿐하며 고통도 훨씬 덜하였다.

　며칠 동안 그렇게 풀과 과실을 먹으며 지낸 환자는 괴혈병이 말끔하게 나아 드디어 구조되었다. 그는 자신을 구해 준 사람들에게 자초지종을 자세히 설명했으나 믿어 주는 이가 없었다.

　"혹시 저 사람 돈 거 아니야? 섬에 혼자 있더니 머리가 어떻게 된 모양이야!"

　사람들은 오히려 그를 미친 사람처럼 여기며 비웃었다. 그러나 그 가운데 유난히 눈을 반짝이며 이야기를 듣는 사람이 있었다. 영국 해군의 제임스 린드라는 의사였다.

　'그래. 그의 이야기는 돈 사람의 헛소리도 아니고, 거짓도 아니야. 분명 그가 먹은 음식물 가운데는 괴혈병을 치료하는 성분이 있을 거야. 꼭 찾아내고 말겠어!'

　린드는 여러 종류의 식물을 분석한 끝에 몇 종류의 야채와 레몬즙에 그 물질이 있음을 알았다. 그는 곧 그 레몬즙을 괴혈병 환자들에게 먹여 보았다. 며칠 동안 계속하니, 괴혈병 환자들은 거짓말처럼 깨끗하게 병이 나았다. 또한 예방 효과를 알아보기 위해서 멀쩡한 선원들 가운데 몇몇에게만 레몬즙을 날마다 마시도록 했는데, 결과는 예상한 대로였다. 날마다 레몬즙을 마신 선원들은 아무 이상이 없었으나, 다른 선원들은 괴혈병에 걸린 것이다.

　린드는 곧 그 실험 결과와 레몬즙의 중요성을 적은 보고서를 들고 상관에게 갔다. 그러나 상관은 칭찬과 함께 큰 상을 내려야 마땅한 린드에게 오히려 크게 역정을 냈다.

　"아니, 자네가 이런 어리석은 말을 하다니, 도대체 괴혈병이 어

떤 병인데 레몬즙으로 고칠 수 있고, 더군다나 예방이 가능하단 말인가! 내 이 일은 덮어 둘 테니, 다시는 그런 말 입 밖에 꺼내지도 말게. 알았나?"

린드는 크게 실망했으나 그들의 무지 앞에서는 달리 어떻게 해 볼 도리가 없었다.

그 뒤로 50년이란 세월이 흘렀다. 사람들은 점점 린드의 말을 믿기 시작했고, 영국 해군도 이 사실을 받아 들여 군함에 승선하는 모든 승무원에게 레몬즙을 공급하여 이 병을 예방할 수 있었다.

그러나 괴혈병의 원인이 밝혀진 것은 아니었다. 비타민 C의 결핍 때문에 생긴 병인지는 모르고 19세기 말엽에는 괴혈병을 일종의 전염병으로까지 단정해 버렸다.

　각기병 또한 마찬가지였다. 네덜란드 정부는 식민지였던 동인도 여러 섬의 원주민 사이에 각기병이 발생하자, 서둘러 그곳에 많은 학자들을 보내 병의 원인을 조사하도록 했다.

　학자들은 각기병은 일종의 전염병으로서 세균 때문에 일어난다고 결론을 지어 버렸다. 그러나 그들과 견해를 달리하던 젊은 학자가 있었다. 아이크만이라고 하였는데, 그는 각기병의 원인에 대해서 골똘히 생각하며 병원 뜰을 산책하다가 이상한 점을 발견했다.

　병원 뜰에 있던 닭 한 마리가 다른 닭과 너무 달랐다. 목이 삐뚤어지고, 날개가 축 늘어져 부들부들 떨며 다리마저 마비가 된 듯 제대로 걷지도 못했다.

　'아니, 저 증상은 각기병에 걸린 사람과 똑같잖아. 그렇다면 저 닭도?'

　아이크만은 그 닭을 주의 깊게 관찰했다. 아니나 다를까 그 닭은 각기병 환자들이 먹다 버린 음식을 먹고 있었다.

　아이크만은 그 닭을 실험자료로 삼아 연구했다. 그러던 어느 날, 아이크만은 놀라운 사실을 발견했다. 닭의 모이를 며칠 동안 백미 대신 현미로 바꾸자 그 닭은 보통 닭들과 마찬가지로 변하였다.

　'쌀이다! 각기병의 원인은 쌀이었어.'

　아이크만은 몇 번의 실험으로 쌀겨 속에는 각기병에 대해 강한 힘을 내는 물질이 있음을 확인했다.

　1911년, 독일 학자 훈크가 쌀겨에서 미량의 부영양소를 추출하는 데 성공하고 이것에 비타민이라는 이름을 붙였다.

오늘날 비타민의 종류는 비타민 A·B·C·D·E·F 등 매우 많으며, 지용성과 수용성으로 구분된다.
 더욱이 사람 몸에 비타민이 부족하면 전염병에도 걸리기 쉽고 다른 여러 가지 병에 걸린다. 따라서 오늘날에는 4대 영양소에 비타민을 포함시켜 5대 영양소라 부르기도 한다.

제 2 부
엑스선의 정체를 밝혀라

종이 말아 심장 박동수 체크

라에네크의 청진기

청진기처럼 단순하면서도 멋진 기계는 아마 없을 것이다. 의사들에게 꼭 필요한 청진기는 환자를 진찰하는 데 가장 기초적인 의료기구이다.

청진기를 처음 발명한 사람은 라에네크라는 사람으로, 그는 1781년 프랑스 부르타뉴 지방 캄페르에서 변호사의 아들로 태어났다. 얼굴빛이 창백하고 몸이 허약한 라에네크는 교사가 되어 인정을 받았고, 그 뒤에는 전문 병리학자가 되었다.

1816년 라에네크는 파리에서 우연히 청진기 발명 아이디어를 얻었다. 어느 날 루브르 궁 안뜰을 산책하던 라에네크에게 문득 놀라운 생각이 떠올랐다.

아이들이 긴 나무 막대기를 서로의 귀에 대고 재잘거리며 웃고 있는 것을 바라보던 라에네크에게 뭔가 스치는 생각이 있었던 것이다.

'옳지! 저런 방법으로 심장이 뛰는 소리도 들을 수 있을지 모르겠다.'

그는 아이들의 노는 모습을 보고 심장병 연구의 실마리를 얻은 것이다.

다음날 곧바로 라에네크는 네켈병원 진찰실에서 종이를 말아 여러 가지 실험을 해 보았다.

'심장의 박동수를 제대로 들어 체크할 수 있다면 심장병을 치료하는 데 큰 도움이 될거야.'

그는 종이를 말아 실로 묶어 통 모양으로 만든 다음 그것을 환자의 심장에 대어 보았다. 이것이 청진기를 사용한 최초의 소리를 들어 진찰하는 순간이었다.

라에네크는 그 뒤에도 수없이 실험을 되풀이했다. 그는 도르래를 이용하여 삼나무나 흑단으로 목제 원통을 만들었다. 원통은 한가운데를 둘로 나누어 지니고 다니기에 불편함이 없도록 만들었다.

그러나 묘하게도 라에네크는 자신이 발명한 청진기로 자신의 폐질환을 발견하였으나 1826년에 그만 세상을 뜨고 말았다.

라에네크가 발명한 청진기 덕분에 폐질환에 대한 근거 없는 여러 가지 낭설들은 일축되고, 폐질환에 대한 정확한 원인이 규명되었다.

그는 또 자신의 연구 결과를 자세히 기록한 의학서적을 펴내 임

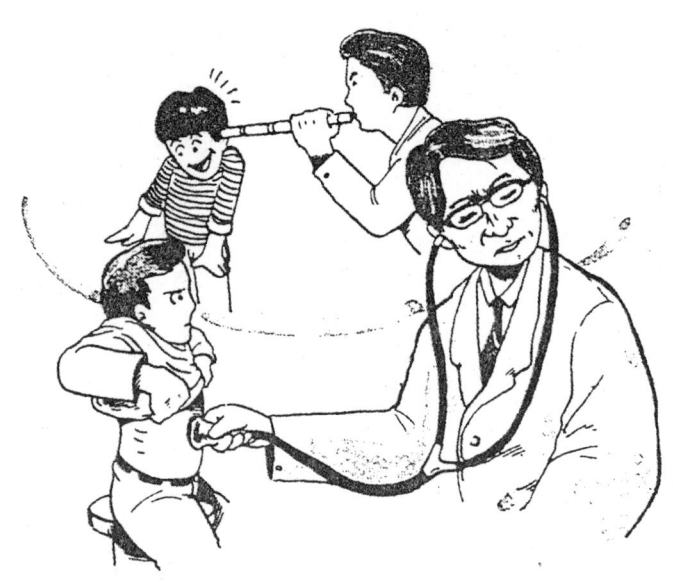

상 의학의 새로운 시대를 열었다.

그러나 라에네크의 이론에 반기를 든 브르세 등 일부 학자들은 자기들이 고안한 휠에 의한 방혈법이 많은 환자들을 여지없이 죽음으로 몰고 있었음에도 라에네크의 저술을 "논할 가치도 없는 필요 없는 발견들을 끌어 모은, 한마디로 쓸데없는 책"이라고 혹평을 서슴지 않았다.

현대에 들어 청진기의 모양은 초기의 것과는 아주 많이 달라졌다. 그것은 라에네크가 세상을 뜨고 훨씬 뒤에 만들어진 것으로 두 개의 종 모양으로 가슴에 대는 곳까지 잘 구부러지는 튜브가 달려 있어, 라에네크가 처음 만든 청진기와는 그 모양이 사뭇 달라지고 편리해졌다.

종이 말아 심장 박동수 체크

석탄산으로 상처 소독

리스터의 소독법

질병을 일으키기도 하고, 또 어떤 경우에는 건강에 도움을 주기도 하는 단세포로 이루어진 미생물이 세균이다. 세균은 맨눈으로는 알 수 없을 만큼 작기 때문에, 세균이 발견되기 전까지는 많은 사람들이 아무 대책 없이 목숨을 잃었다. 그러다가 세균이 여러 가지 질병을 일으킨다는 파스퇴르의 연구에 따라 세균의 중요성이 조금씩 알려지게 되었다. 상처를 소독하는 것이 병의 치료를 돕는다는 것과 세균 때문에 상처가 곪는다는 사실을 알게 된 것이다.

오늘날 대부분의 가정에는 비상약으로 소독 약품이 준비되어 있지만, 19세기 중엽만 하더라도 그것은 상상조차 못할 일이었다. 상처를 소독하는 방법을 발견함으로써 질병 치료의 효과를 높인 사람은 누구일까? 그는 바로 리스터라는 영국 외과의사였다.

파레가 수술 방법을 개혁하고 300년 남짓 지난 어느 날이었다. 영국의 글래스고 왕립병원의 창가에서 어느 키 큰 의사가 굳은 표정으로 앞뜰을 내려다보고 있었다. 그가 내려다보고 있는 곳에는 환자의 시체를 잠시 보관하는 건물이 있었다. 리스터라는 이름의 이 병원 외과의사인 그는, 외과 병동 환자들의 사망률이 다른 병동보다 훨씬 높아서 늘 질책의 대상이 되어 왔다. 오늘도 그가 수술한 환자가 죽는 바람에 착잡한 마음으로 밖을 내다보고 있었다.

'상처가 곪는 데는 무슨 까닭이 있을 텐데……'

리스터는 동료 외과의사 몇 사람에게 그 원인과 해결방법을 물어 보았다. 그러나 그 의사들은 그러한 일은 인간으로서는 엄두도 낼 수 없는 일이라고 말할 뿐이었다.

'그렇지만 나는 의사인데, 사람들이 이렇게 죽어가는 것을 그냥 보고만 있어야 한다는 것을 견딜 수가 없어……'

그는 상처가 곪는 원인을 연구하기로 마음 먹었다. 그러던 어느 날 리스터에게 뜻하지 않은 행운이 찾아왔다. 화학자인 토머스 앤더슨 교수가 그에게 훌륭한 논문을 보여 주었던 것이다.

"이보게. 자네가 연구하는 상처 치료에 이 논문이 도움이 될 것 같은데 한번 읽어 보지 않겠나? 프랑스의 화학자 파스퇴르라는 사람이 쓴 논문인데, 프랑스에서는 별로 호응을 얻지 못하는 것 같아. 그를 정신병자라고까지 한다니까. 그런데 나는 아주 훌륭하다고 생각하거든."

리스터는 파스퇴르라는 이름을 처음 들었으나 논문을 읽고 난 뒤 파스퇴르의 새로운 주장에 마음이 끌렸다.

'포도주가 썩는 것은 공기 속에 있는 세균이 포도주 안으로 들어가기 때문이라는 파스퇴르의 생각을 빌리자면, 공기 속이나 우리가 사용하는 도구에 묻은 세균이 상처에 붙어서 그 부위를 곪게 하는 것은 너무나 당연한 사실이다. 그래. 틀림없이 그럴 거야.'

프랑스 과학자들 사이에서 찬반으로 갈려 논쟁을 일으켰다는 파스퇴르의 논문이 리스터에게 강한 의지를 불러일으켰다.

'그렇다면 이 세균은 도대체 어떻게 막아야 할까? 인간의 몸에는 해가 없고 세균만 죽일 수 있는 약품은 없을까?'

연구를 시작한 리스터는 몇 가지 약품으로 시험해 보았으나 모두 실패하고 말았다. 그때 리스터는 얼마 전 독일 남서부의 칼스루헤 시에서 견학 온 어느 의사와 나누었던 얘기가 떠올랐다. 그 의사는 자신이 살고 있는 고장의 하수 악취가 매우 심했는데, 하수구에 석탄산을 뿌렸더니 악취가 없어지더라고 말했다.

'상처가 곪으면 외과 병실 문을 열 수 없을 만큼 고약한 냄새가 나지. 석탄산으로 그 악취를 없앨 수 있을까?'

리스터는 칼스루헤 시에서 온 의사와 얘기했을 때 그런 생각을 했다.

'그래. 석탄산이면 될거야. 게다가 그 의사는 그때 하수가 흐르는 목장에서 가축들이 곧잘 병으로 넘어졌는데, 석탄산을 사용하고 나서부터 병으로 죽는 가축이 많이 줄었다고 말했어.'

생각이 여기까지 이르자 리스터는 석탄산을 구해 상처를 씻어 보았다. 여러 번 실험하고 확인한 결과 물에 녹인 석탄산으로 상처를 씻으면, 사람에게는 해가 없으면서 세균을 죽일 수 있다는 것을 알게 되었다.

리스터의 외과 병실에 마침 피부가 뚫어질 만큼 심한 골절 환자가 입원하게 되었다. 그는 석탄산에 기대를 하고 환자를 치료했다. 조심스럽게 환자의 상처와 그 주변을 석탄산 액으로 소독하고 뼈를 정확히 맞추었다. 그리고 밖에서 더 이상 세균이 침입하지 못하도록 붕대로 단단히 묶었다. 그 붕대 또한 물에 삶고 다시 석탄산 액에 담가 소독한 뒤에 사용했다.

이튿날 그는 환자의 상처를 살펴보았다. 곪아서 부어 올랐다면 자신의 치료는 완전히 실패하는 것이었으나 다행히도 상처는 크게 붓지 않았다. 그 뒤, 환자는 뜻밖에도 회복이 빨랐고 건강을 되찾아 퇴원하게 되었다.

이 일은 금방 소문이 나 많은 환자들이 리스터의 치료를 받기 위해 몰려들었다. 그러나 같은 병원임에도 다른 의사들은 상처 치료에 아직도 예전의 치료 방법을 그대로 썼으므로 환자의 사망률은 여전히 높았다.

리스터의 성공이 조금씩 인정을 받기 시작하면서 동료 의사들도 그의 치료법을 쓰게 되었다. 그러나 그 이유에 대해서는 좀처럼 믿으려 들지 않았다. 파스퇴르가 프랑스에서 욕설에 가까운 공격을 받았던 것처럼 리스터도 영국 의사들의 고집 때문에 적지 않은 어려움을 겪었다.

"구더기는 살 속에서 저절로 생기는 것이오. 동물은 건조된 것이 습해지면 태어나는 것이고, 상처의 고름도 몸의 일부가 저절로

허물어져 썩으면서 생기는 거요. 구더기는 바로 거기서 생기는 것이란 말입니다. 리스터. 당신이 환자들을 치료하는 데 많이 노력한 것은 인정하지만, 당신의 주장은 터무니없다는 것을 아셔야 합니다."

상처를 썩게 하는 것이 세균이라는 사실은 믿을 수가 없는 것이

석탄산으로 상처 소독

었다. 그러나 리스터의 소독법은 확실히 효과가 있어 사망률이 점차 줄었기 때문에 그의 발견은 곧 인정되었고, 몇 해 뒤에는 외국에까지 그 방법이 알려졌다.

리스터는 상처를 소독하는 것뿐만 아니라 수술 전에 꼭 손을 씻고 청결한 수술복을 입는 것에까지 신경을 썼다. 지금으로서는 새롭지 않지만 19세기 중엽에는 아주 새로운 방법이었다. 또 상처를 꿰매는 바늘과 실도 소독을 하고, 수술실에는 석탄산 액을 물에 섞어 묽게 한 뒤 분무기로 뿌려 공기까지 소독을 했다.

이 효력은 매우 대단했다. 파스퇴르가 발견한 사실을 바다 건너 영국에서 리스터가 증명한 셈이다.

영국에서 성공을 거둔 리스터는 파스퇴르에게 편지를 보내, 성공의 바탕은 파스퇴르의 연구이며, 파스퇴르의 연구가 온 인류를 위해 큰 역할을 하고 있음에 깊이 감사드린다고 썼다. 이리하여 훌륭한 두 과학자는 서로 존경하는 좋은 친구가 되었다.

광견병이여, 안녕

파스퇴르의 광견병 예방약

미친 개에게 물렸을 때 걸리는 광견병. 지금으로부터 110년 남짓 전만 해도 이 병은 예방약도 치료약도 없는 무서운 병이었다. 목이 마르거나 배가 고파도 아무것도 먹을 수 없고, 미친 개가 짖는 소리를 내며 죽어가는 무서운 광견병. 치료법이 있다면 달군 쇠로 물린 부위를 지지는 것뿐이었다.

그러나 이처럼 무서운 광견병도 질병을 이겨내려는 인간의 노력 때문에 마침내 정복되었다. 파스퇴르가 광견병 예방약을 발명해 인류는 드디어 광견병의 공포에서 벗어날 수 있게 된 것이다.

세균에 관해 여러 가지 연구를 거듭한 파스퇴르는 질병 퇴치 방법에 대해 관심을 기울였다.

'전염병의 원인은? 전염병을 예방할 안전한 방법은 없을까?'

오랫동안 많은 사람들이 생각해 왔고, 그 해결에 고심하던 가운데, 19세기 중엽에 접어들면서 파스퇴르와 코흐, 두 과학자가 이 문제를 차츰 해결하기 시작했다.

파스퇴르는 발효 현상과 부패 현상을 과학적으로 설명하는 데 성공했다. 또한 부패를 방지하는 방법으로 멸균법을 발명함으로써 오늘날까지도 쓰이고 있어서 그의 큰 업적으로 평가되고 있다.

이렇게 세균에 관한 연구를 계속하던 파스퇴르는 광견병에 관심을 갖게 되었다. 그는 어린 시절에 광견병 때문에 질병의 고통을 알게 되었다. 광견병의 충격을 떠올린 그는 예방약의 연구에 몰두하였다.

먼저 파스퇴르는 광견병의 병원균인 탄저균을 가열하여 병을 일으키는 힘을 약하게 했다. 그런 뒤 이것을 집에서 기르는 양에게 몇 번 주사하여 생긴 면역 혈청으로 예방약을 만드는 데 성공했다. 토끼, 쥐 또는 개를 이용한 동물 실험 결과는 성공이었다. 이제 남은 것은 인체 실험이었다. 광견병으로 죽어가는 사람은 많아도 감히 사람을 실험 대상으로 한다는 것은 문제가 많았다.

'만약 이 약 때문에 도리어 병을 얻게 된다면······.'
생각만 해도 무서운 일이었다.

그러나 얼마 뒤 파스퇴르의 연구 결과를 사람에게 실험해 볼 좋은 기회가 찾아왔다. 미친 개에게 물린 소년을 데리고 그의 어머니가 파스퇴르를 찾아온 것이다. 소년의 어머니는 어린 아들을 대장간에서 불로 지지게 할 수가 없었다. 이름난 병원을 찾았지만 의사들도 고개를 저었다. 대신 파스퇴르를 추천해 주었다.

 "우리 힘으로는 치료할 수가 없습니다. 그러나 혹시 파스퇴르 선생이라면 치료할 수 있을지도 모릅니다. 그리로 빨리 가 보십시오."
 파스퇴르가 개에게 물린 소년의 상처를 보니 상태가 매우 심하였다. 그렇기는 하지만 파스퇴르는 선뜻 결단을 내릴 수가 없었다.
 '이 약을 주사해도 괜찮을까?'

광견병이여, 안녕

그는 깊이 생각하면서 머뭇거렸다. 만약 주사의 효과가 나타나지 않은 채 실패로 돌아간다면 모든 게 돌이킬 수 없는 일이 될 것이었다. 생각다 못해 파스퇴르는 친구 의사들과 의논했다.
"어떻게 할까? 한번 주사해 볼까? 정말 용기가 안 나는군."
이러한 고민에 가득 찬 파스퇴르의 말을 들은 의사들은 한결같이 다음과 같이 말했다.
"파스퇴르 선생! 걱정하지 말고 주사해 보세요. 그 소년에게 광견병 증세가 나타나면 이미 늦지 않습니까? 어서 빨리 주사해 보십시오."
마침내 파스퇴르는 그들의 재촉에 힘입어 마음을 먹었다. 파스퇴르는 소년에게 혈청주사를 하루에 한 번씩, 14일 동안 계속 놓았다.
1885년 7월 어느 날, 파스퇴르는 밤새 나쁜 꿈에 시달렸다. 미친 개가 날뛰는 모습이 눈앞에 나타나는가 하면, 주사를 맞은 소년의 병세가 나빠져 죽어가며 울부짖기도 했다.
다음날 아침 일찍, 결과를 보려고 소년이 있는 병실을 찾아간 파스퇴르는 뜻밖의 모습에 놀랐다. 걱정과는 달리 소년은 실험용으로 키우는 쥐와 토끼들에게 먹이를 주면서 놀고 있었던 것이다.
파스퇴르는 마음을 가라앉히고 소년을 진찰해 보았다. 소년에게는 광견병 증세가 조금도 나타나지 않았다. 예방약이 효과가 있었던 것이다. 파스퇴르는 몹시 기뻐서 가슴이 뛰었다.
"이제 됐다. 애야. 너는 이제 깨끗이 나았단다. 집에 돌아가도 괜찮아!"

제2부 엑스선의 정체를 밝혀라

파스퇴르는 소년의 머리를 어루만지면서 흐뭇해했다.

소년은 주사를 맞기 시작한 지 21일 만에 퇴원하게 되었다. 그의 어머니의 기쁨은 말할 나위도 없었다. 너무 기쁜 나머지 파스퇴르에게 고맙다는 말만 계속하였다.

이렇게 파스퇴르의 광견병 예방약은 사람에 대한 실험에까지 성공한 뒤로 세상에 널리 알려졌다. 유럽 여러 나라에서 미친 개에게 물린 사람들이 끊임없이 파스퇴르를 찾아왔던 것이다.

광견병이여, 안녕

천연두에서 해방되다

제너의 종두법

18세기가 거의 끝나갈 무렵까지도 많은 사람들이 천연두라는 무서운 질병에 걸려 죽어 갔다. 우두를 이용한 제너의 종두법은 바로 이 천연두 예방법이다.

인류의 오랜 치료 역사에서 종두법의 발명은 가장 큰 업적 가운데 하나이다. 또한 전염병을 사람의 힘으로 예방하고 없앨 수 있다는 사실을 실제로 입증한 점에서 그 의의가 매우 크다.

지금으로부터 200년 남짓 전의 일이다. 영국 버클리에 에드워드 제너라는 의사가 살고 있었다. 그는 성실한 의사였으며, 몹쓸 질병인 천연두 예방법에 관심이 있었다.

천연두는 높은 열과 신체의 각 부분에 종기가 생기는 무서운 전염병이었다. 의사들조차도 천연두에 걸리면 무조건 죽는다고 알고 있었다. 다행히 살아나더라도 보기 흉한 곰보가 되었다.

그러던 어느 날, 제너는 우유를 짜는 여자들한테서 매우 흥미로운 이야기를 듣게 되었다.

"소의 천연두(우두)에 걸린 일이 있는 사람들은 천연두에는 걸리지 않는다는군요."

소도 천연두를 앓는다는 사실은 이미 알려져 있는 일이었다. 그런데 이것이 사람에게 전염되면 붉은 상처가 조금 생길 뿐 곧 낫게 되고, 그 뒤에는 천연두에 걸리지 않는다는 것이다.

제너는 '혹시 이 우두를 이용하면 천연두 예방법을 알아낼 수 있지 않을까?' 하는 희망을 갖게 되었다.

그는 먼저 우두에 걸린 경험이 있는 사람들을 조사하기 시작했다. 그들 가운데서 다시 천연두에 걸린 사람이 있는지 없는지를 여러 사람을 대상으로 하여 조사해 보았다. 그러나 그런 사람들을 쉽게 만날 수가 없었다.

제너는 이 사실을 실험으로 보여 주려 하였다. 하지만 누가 이 실험에 기꺼이 따를 것인가? 만약 실험이 실패한다면 고통스러운 천연두에 걸릴 것을 각오해야 했다.

제너는 오랜 연구를 거쳐 안전하다는 신념을 가지게 되었다. 그는 많은 사람들에게 충분한 설명을 하며 실험에 참가해 줄 것을 부탁하였다. 그렇지만 쉽사리 실험에 참여하겠다고 나서는 사람이 없었다.

드디어 "내가 실험에 참여하겠습니다"고 나서는 사람이 나타났다. 그는 62세의 노동자 존 필립이었다. 필립 노인은 9세 때 우두에 걸린 경험이 있었다.

　제너는 서둘러 천연두 환자한테서 고름을 빼내어 필립 노인의 몸에 주사하였다. 얼마 뒤, 주사한 부분에 발진이 일어났다. 나흘째까지는 약간씩 범위가 넓어지고 어깨가 아프다고 했으나 닷새 되던 날부터 좋아지기 시작했다. 그리고 다음 날에는 깨끗이 나았다. 우두에 걸리고 나서 50여 년이 지난 뒤에도 천연두에 걸리지 않는다는 사실을 실제로 입증할 수 있었던 것이다.

　제너의 연구는 여기서 그치지 않았다. 좀더 안전하고 효과 있는 천연두 예방법을 발견하기 위해 연구에 더욱 몰두했다. 실로 제너는 30년이라는 긴 세월을 이 연구를 위해 바쳤던 것이다.

　1796년 5월 14일의 일이었다.

　'이제는 사람에게 직접 우두를 접종해 보자.'

　제너는 자기의 신념에 확신을 가지고 새로운 실험을 시작했다. 그는 제임스 히프스라는 여덟 살짜리 어린이에게 우두를 접종하였다. 이것은 전보다 더 큰 모험이었다. 제너는 날마다 히프스 소년에게 나타나는 증세를 세심히 관찰하였다. 소년은 열이 조금 나고 팔에 상처가 몇 개 생겼을 뿐, 얼마 뒤 완쾌되었다.

　다음에 제너는 천연두 환자로부터 고름을 빼내어 히프스 소년에게 주사하였다. 그러나 소년은 아무렇지도 않았다. 며칠 뒤에 다시 고름을 주사해 봤지만 마찬가지였다. 히프스 소년에게서는 아무런 증상도 나타나지 않았다. 그의 몸에 천연두에 대한 면역이 생겼기 때문이다.

　제너는 실험 결과를 더욱 확실하게 하기 위해 여러 사람을 대상

천연두에서 해방되다

으로 같은 실험을 해 보았다. 결과는 모두 같았다.

　1798년, 제너는 이 실험 결과를 바탕으로 종두법의 성공을 알렸다. 종두법의 성공은 인류가 무서운 질병에 도전하여 승리한 최초의 쾌거였다. 또한 그것은 인류가 오랫동안 기다려 왔던 일이기도 했다. 그러나 정작 종두법을 쓰기까지는 많은 어려움에 부딪혀야만 했다. 당시에는 종두의 놀랄 만한 효과와 그 의의를 이해하는 사람이 매우 드물었기 때문이다.

　사람들은 종두의 효과를 믿으려고 하지 않았다. 심지어는 "하느

님이 만드신 신성한 사람의 몸에 소의 전염병을 옮기는 것은 말도 안 된다"는 사람도 있었고, "종두를 하면 소가 된다"는 터무니없는 소문도 꼬리를 물고 퍼져 갔다.

제너를 비롯한 많은 의사와 과학자들은 종두를 하면 천연두를 예방할 수 있다는 사실을 꾸준하고 설득력 있는 태도로 설명하였다. 얼마 뒤 유럽 전역에 천연두가 유행하기 시작했다. 종두의 효과는 곧바로 나타났다. 종두를 한 사람은 단 한 사람도 천연두에 걸리지 않았던 것이다.

이에 영국에서는 1803년 왕립 제너 협회가 발족되어 본격적으로 종두법의 보급에 나섰다. 몇 년 뒤에는 유럽 여러 나라에서도 종두를 적극적으로 실시하였다.

어린이들에게 특히 많이 전염되던 천연두. 만약 제너가 종두법을 찾아내지 못했더라면 수많은 사람들이 천연두에 걸려 죽었을 것이다.

제너의 종두법은 1848년 네덜란드 사람이 일본에 전하면서 동양에 들어왔다. 우리 나라는 박영선이 일본의 종두법에 관한 서적을 가지고 와 지석영에게 전해 주면서 전파되었다. 그 뒤 지석영이 고종 16년(1879)부터 우리 나라에 종두법 기술을 보급하게 되었다.

자연의 최고 걸작은 인체

베잘리우스의 인체 분석

자연의 최고 걸작인 인체에 견줄 만한 기계를 만들어 낸 기술자는 아직까지 없다. 사람의 별것 아닌 동작이라도 아무리 정교한 로봇도 이를 따르지 못할 만큼 복잡하다. 자연의 기막힌 솜씨로 만들어진 인체를 해부하여 그 구조를 알린 것은 베잘리우스였다.

벨기에의 브뤼셀에서 태어난 베잘리우스는 18세 때에 프랑스 파리로 유학을 갔다. 그는 소년시절부터 호기심이 많았다. 개구리며 곤충의 내부 구조를 알려고 해부를 했으며, 해부한 모든 생물을 자세히 관찰했다. 또한 그것을 세세히 기억했다. 그래서 그는 해부학 박사라는 별명을 가질 정도였다. 동물을 해부하는 솜씨가 서투른 사람에게 베잘리우스는, "나에게 수술 칼을 주십시오!"라고 말하며 정교하게 해부하였다.

그때로서는 해부학자가 수술 칼을 잡는다는 것은 상식에 벗어나는 일이어서 그러한 일을 꺼릴 만큼 낡은 고정관념에 젖어 있었다. 그 당시는 가레노스의 낡은 학설을 믿었기 때문에 베잘리우스를 가르치던 시루비우스 교수도 가레노스 학설을 가르치고 있었다. 해부학을 전공하는 교수들은 가레노스 숭배자들이었기에 자기 손으로 해부하는 것을 두려워하거나 천하게 생각했다. 베잘리우스는 가레노스의 학설이 잘못되었다고 생각했다.

'어떤 동물이든지 자기 손으로 해부해 보아야 해. 그래야만 자세하게 알 수 있어.'

훌륭한 의사가 되고자 파리에서 공부하고 있던 베잘리우스는 교수의 강의에 만족할 수 없었다. 게다가 그때는 인체 해부는 감히 엄두도 못 내는 일이었다. 기독교에서 인체를 해부한다는 것은 하나님의 뜻에 어긋나는 일이라 이것을 강력히 금지했다. 모든 육체는 신성한 영혼을 담는 그릇이며, 그것을 인간의 뜻으로 깰 수 없다는 것이었다. 비록 영혼이 육체를 떠났다고 할지라도 육체를 자연으로 돌리는 것은 인간의 일이 아니라는 것이다.

의학 공부에 온 힘을 기울이고 있었던 베잘리우스는 어떻게 해서든지 사람의 몸을 자세히 알고 싶었다. 그래서 그는 시체를 구하려고 묘지로 갔다.

당시 프랑스에서는 시체를 그다지 깊게 파묻지 않았기 때문에 비가 오거나 바람이 세차게 불면, 시체가 겉으로 드러나는 경우가 잦았다. 그래서 베잘리우스는 묘를 파헤치지 않고도 죽은 사람의 뼈를 쉽게 얻을 수 있었다.

숲속의 부엉이가 음산하게 우는 깊은 밤이 되면 베잘리우스는 몰래 묘지에 갔다. 그것은 언제나 머리카락이 쭈뼛하게 설 정도로 두려운 일이었다. 여러 번 해 보았어도 언제나 두려웠다. 그럼에도 한 해 두 해 끊임없이 뼈를 모으고 관찰했기 때문에 베잘리우스는 뼈에 관해 조예가 깊었다. 그는 학교에서 뼈에 관해서만은 교수들보다도 더 많은 지식을 갖고 있기로 유명했다.

파리에서 공부하는 동안, 프랑스와 독일 사이에 전쟁이 일어나 베잘리우스는 벨기에로 돌아올 수밖에 없었다.

고향에 돌아온 베잘리우스는 또다시 모험을 하기 시작했다. 어느 날, 친구와 함께 교외의 한적한 길을 산책하고 있을 때였다. 인가가 없는 적막한 초원에 이르자 베잘리우스는 깜짝 놀라면서 걸음을 멈추었다. 함께 길을 걷던 친구는 "왜 그래?" 하면서 주위를 살폈다.

"저것 봐!"

베잘리우스가 가리킨 곳에는 교수대가 우뚝 서 있었는데, 그곳에 죽은 사람이 축 늘어져 있었다. 시체의 얼굴은 끔찍하게 이그러졌고, 게다가 혀까지 길게 빼물고 있어 몹시 역겨웠다. 친구는 이 광경을 보고 깜짝 놀라면서 베잘리우스에게 돌아가자고 재촉했다. 그러나 베잘리우스는 침착하게 말했다.

"이봐! 부탁이야. 네가 날 친구라고 생각한다면 좀 도와줘!"

"설마! 설마 저 시체에 손을 대려는 것은 아니겠지?"

"바로 맞추었네! 저 시체를 가지고 가야겠어!"

자연의 최고 걸작은 인체

베잘리우스는 친구를 바라보며 대답했다.

파리 교외에 있는 묘지를 돌아다니면서 뼈를 모았던 베잘리우스가 이 기회를 놓칠 리 없었다. 그는 친구에게 거듭 자신의 처지를 말하며 부탁했다.

"내가 교수대에 올라가서 시체를 매단 끈을 풀 테니까 자네가 시체를 밑에서 잡아 줘."

베잘리우스가 끈질기게 설득하는 바람에 마침내 친구는 어쩔 수 없이 돕기로 했다. 만약 이를 지켜보던 사람이 있어 고발이라도 하는 날에는 그들의 목숨마저 위태로워지는 것이다. 시체를 교수대에서 풀어 땅에 내려놓는 것은 문제가 아니었다. 이것을 어떻게 들키지 않고 운반하느냐 하는 난관에 부딪혔다. 시체를 포장할 수도 없었을 뿐더러 그렇게 한다 하더라도 환한 대낮에 할 수는 없었다.

밤이 깊어지자 베잘리우스는 혼자 다시 그곳에 가서 시체를 포장했다. 시체는 까마귀들에게 참혹하게 찢겨 인간의 형상이 아니었다. 게다가 코를 쥐고 달아나 버리고 싶을 정도로 역겨운 냄새가 났다. 그러나 베잘리우스는 꼭 인간의 신체를 해부해 봐야 한다는 집념 때문에 꾹 참았다. 그는 밤새도록 시체를 해부하여 자세히 관찰하고 조사했다.

교수대에 매달린 사형수의 시체를 몰래 메고 와서 몸소 해부하면서 연구한 베잘리우스의 목숨을 건 모험심은 누구도 따를 수 없을 만큼 대단했다.

베잘리우스는 언제나 인체 해부를 떳떳이 할 수 있는 기회만을 노리고 있었다. 전쟁 때는 루뱅에서 외과 의사로 일하면서 그의 꿈을 간직했다.

그러던 가운데 마침내 당시 이탈리아의 대학에서 인체 해부가 허락되었다. 베잘리우스는 이 소식을 전해 듣고 가슴이 뛰었다. 곧 이탈리아로 떠난 그는 1537년 12월에 이 대학의 해부학 외과 교수가 되었다. 베잘리우스는 많은 사람들의 시체를 해부하여 연구한 결과, 가레노스는 동물을 해부한 것을 인체에 적용시켰다는 것을 알게 되었다. 사람의 대퇴골은 개처럼 구부러져 있는 것도 아니고, 간장도 가레노스가 말한 것처럼 몇 개의 가지로 나누어 있지도 않았다. 베잘리우스는 손에 땀을 쥐었다. 새로운 발견의 순간이었다.

자연의 최고 걸작은 인체

베잘리우스는 파두아대학의 연구실에 와서 6년 뒤인 1543년, 《인체의 구조에 관하여》라는 유명한 책을 출판했다. 그 책은 의학 연구에 새로운 전환점을 이루었으며, 르네상스 시대 의학 연구의 새로운 등불이 되었다. 베잘리우스는 고정관념을 깨고 인체 해부를 서슴지 않고 해 낸 과학자로서 근대 과학의 선구자라 할 수 있다.

균을 잡아먹는 세포

● 메치니코프의 식세포

파스퇴르가 면역법을 발견하고 나서 그 원리를 여러 가지 전염병에 응용하려는 연구가 활발하게 진행되었다. 그와 함께 면역이 생기는 이유를 알아내려는 연구도 진행되었다.

코흐 연구소에서 베링이 혈청치료법 연구를 하고 있을 때, 프랑스의 파스퇴르 연구소에서는 엘리 메치니코프가 면역에 대한 연구를 하고 있었다.

'면역은 혈액 속 백혈구의 작용 때문에 생긴다.'

또한 메치니코프는 다음과 같이 주장하기도 했다.

"인간의 몸에 어떤 전염병의 병원체가 들어오면, 그 병원체와 백혈구는 서로 싸우게 된다. 만일 세균이 이기면 백혈구가 죽어 병에 걸린다. 그러나 백혈구가 이기면 세균이 죽는다. 그뿐만 아니라 이 싸움 때문에 백혈구가 많이 늘어나므로 그 뒤 다시 세균이 들어와도 이내 잡아 죽여 인간은 병에 걸리지 않는다. 이렇게 하여 면역 현상이 생긴다."

이러한 메치니코프의 주장에 대하여 심한 반대 의견도 있었다. 특히 베링은 자기들이 연구한 혈청 작용을 내세워 그러한 주장에 반대했다.

"독소를 주사한 동물의 혈액 속에는 항독소라고 하는 것이 생긴다. 그 혈액의 혈청을 받아서 조사해 보면, 백혈구가 하나도 포함되어 있지 않는데도 병원균을 죽이는 힘이 있음을 알 수 있다. 면역은 백혈구의 작용이 아니라 바로 혈청 속에 녹아 있는 항독소의 작용 때문에 일어난다."

베링은 이렇게 주장하면서 메치니코프의 의견에 반대했다. 그러나 메치니코프는 주위의 강한 반대에도 자기의 생각을 굽히지 않았다.

메치니코프는 러시아에서 태어난 유대인이었다. 그는 결핵에 걸린 젊은 아내 오르가와 동생들과 함께 시실리 섬에 살고 있었다. 그러던 어느 날이었다. 그는 해파리 유생이 먹이를 소화시키는 방법에 대해서 연구하기 시작했다.

해파리는 몸이 투명하기 때문에 산 채로 체내의 모양을 현미경으로 관찰할 수 있었다. 현미경 관찰을 통해서 메치니코프는 해파리의 몸 안에 신기한 세포가 있음을 발견했다. 그것은 몸의 일부이기는 한데 마치 부랑아처럼 몸 속에서 이리저리 움직이는 아메바와 비슷했다.

　메치니코프는 그 세포가 작은 알갱이를 둘러싸고 그 속에 넣어 먹어 버려려고 하는 것을 보았다.
　'아메바와 비슷한 이 특별한 세포는 먹이를 둘러싸고 잡아먹는다. 그렇다면 만약 미생물이 체내로 들어올 경우 마찬가지로 잡아먹을까?'
　메치니코프는 이것을 계속 연구해야겠다고 마음 먹었다.
　'이 특별한 세포의 작용으로 미생물의 공격으로부터 해파리를 지키고 있는 것은 아닐까? 만약 그렇다면 인간의 몸 속에서는 어떨까?'

균을 잡아먹는 세포

메치니코프는 장미꽃 가시에 찔렸던 때의 일을 기억해 냈다. 상처가 곪았는데, 그 고름은 대부분 혈액 속의 백혈구였다. 백혈구는 해파리의 몸에 있는 '식세포'와 같은 것이 아닐까?

메치니코프는 뜰에 나가 날카로운 장미꽃 가시를 따 와 해파리의 몸에 찔러 놓았다.

다음날, 해파리를 현미경으로 관찰하던 메치니코프는 깜짝 놀랐다. 해파리의 몸 안에 찔러 놓은 장미꽃 가시 둘레에 식세포가 빽빽하게 몰려 있는 게 아닌가.

'인간의 몸에서는 혈액 속의 백혈구가 이런 작용을 한다. 세균에 대한 저항력·면역 현상은 백혈구의 작용에 따른 것이다.'

메치니코프는 그렇게 결론지었다. 그러나 엄밀한 실험에 따른 증명을 강조하는 코흐는 그의 의견에 냉담했다. 파스퇴르 또한 메치니코프의 주장에 반대했으나, 그의 능력을 인정하여 자기 연구소에서 연구할 것을 권유했다.

메치니코프로서는 파스퇴르의 제의를 거절할 이유가 없었다. 마침내 그는 파스퇴르 연구소에서 연구하게 되었다.

미생물의 공격에 대한 인체의 투쟁은 백혈구가 맡는다고 한 메치니코프의 주장이나, 항독소가 한다고 한 베링의 주장에 당시로서는 결론을 내리지 못했다. 그러나 현재는 양쪽이 다 옳은 것으로 알려지고 있다.

정체 불명의 구세주

뢴트겐의 엑스선

독일의 물리학자 빌헬름 뢴트겐의 엑스선 발견으로 의학계는 치료와 진단에서 일대 혁신을 이루었다. 엑스선은 의학계뿐만 아니라 과학 분야와 산업 분야에서도 중요한 분석 도구로 널리 쓰이고 있다.

빌헬름 뢴트겐은 1845년 독일에서 태어났다. 그는 정규 교육은 받지 못했으나 유명한 물리학자 아우구스트 건트의 조수가 되면서부터 물리학에 관심을 갖게 되고 공부도 하게 되었다.

그 뒤 뢴트겐은 남보다 더 노력한 끝에 마침내 뷔르츠부르크대학의 교수가 되었다. 그가 엑스선을 발견한 것은 1895년 이 대학의 물리학과 주임교수로 있을 때였다.

19세기 후반에 들어서면서 많은 과학자들이 진공 상태에서 전기를 방전시켰을 때 발생하는 특이한 현상을 연구하고 있었으며, 1879년에는 이 실험에 필요한 크룩스관을 발명하였다

뢴트겐은 이 크룩스관을 개량하여 음극선의 성질을 실험하고 있었다. 그는 실험실을 어둡게 하고 크룩스관을 두꺼운 마분지로 싸놓았다. 그가 유도코일에 스위치를 넣었을 때, 그는 책상 위의 형광 스크린 하나가 밝게 빛나는 것을 발견했다.

'이상하다. 크룩스관은 두꺼운 종이로 싸여 음극선이 새어 나갈 리 없는데……. 스크린으로 직진하는 이 선은 대체 뭘까?'

뢴트겐은 혹시 딴곳에서 투사된 광선인지 살펴보았다. 그러나 그럴 만한 곳은 없었다. 뢴트겐은 마침내 형광을 내는 관에서 새로운 종류의 선이 방출된다고 확신했다. 그 선은 두껍고 검은 마분지도 뚫을 수 있었다.

'이 선은 다른 물질도 통과할 수 있을 거야.'

여러 가지 물질들을 가지고 실험을 해 보았다. 여전히 빛은 스크린에 비치었다. 그러나 금속관을 놓았을 때는 스크린 위에 그림자가 나타났다.

뢴트겐은 이 특수선이 나무나 헝겊은 통과하나 금속은 통과하지 못한다는 사실을 알게 되었다. 이 선은 눈에 보이지는 않으나 분명히 큰 투과력을 지니고 있었다. 이때 뢴트겐에게 반짝이는 한 생각이 떠올랐다.

'보통 광선이 사진 건판에 작용하는 것처럼 이 특이한 광선도 건판에 감광되지 않을까?'

그는 이 선을 검사하기로 했다. 그는 이 선이 통과하는 길에 사

진 건판을 놓았다. 그러고는 자신의 아내를 설득하여 손을 판과 건판 사이에 넣어 보라고 했다.

뢴트겐은 스위치를 켠 뒤 건판을 현상해 보고 깜짝 놀랐다.

"아니, 이것은? 손가락 뼈가 찍히다니!"

그들은 사진에 나타난 손가락 뼈와 뼈 둘레 근육의 모양을 똑똑히 볼 수 있었다. 산 사람의 뼈가 사진으로 찍힌 것은 역사상 처음이었다.

"이 선은 엑스선(X-Rays)이라고 해야겠다. 아직은 이 선의 정체를 알 수 없으니 수학에서 미지의 수를 나타낼 때처럼 엑스를 써서 엑스선이라고 하자."

뢴트겐은 이 선을 엑스선이라 이름 지었다. 나중에 사람들은 이를 뢴트겐선이라고 부르기도 했다. 뢴트겐은 이 사실에 대해 상세한 보고서를 써서 브르즈버르크 물리학·의학협회에 알렸다. 그리고 그 내용이 곧 이어 여러 신문에 실렸다.

그는 1896년 엑스선에 관한 첫 발표를 했다. 그는 그 자리에서 지원자의 손을 엑스선으로 촬영함으로써 청중들을 놀라게 했다. 손의 부드러운 살을 투과했던 엑스선은 좀더 조밀한 뼈에 의해 흡수되어 손 모양대로 뼈의 사진상을 이룬 것이다. 뢴트겐의 강연과 시범은 큰 성공을 거두었다. 그는 세계의 과학자들에게 극찬을 받았다.

뢴트겐이 엑스선을 발표하고 나서 며칠 뒤에 미국에서 사람의 다리에 박힌 총알을 찾는 데 엑스선을 써 보았다. 과학자들은 엑스선이 인류에게 큰 혜택을 가져다 줄 것임을 차츰 깨닫게 되었다.

　외과의사들도 수술할 때 엑스선을 쓰기 시작했다. 1969년 1월 20일, 베를린의 어느 의사는 손가락에 박힌 유리 파편을 엑스선으로 찾아냈다. 또한 그해 7월에는 리버풀에서 머리에 박힌 총알을 찾아내는 데 성공했다.

　뢴트겐의 엑스선 발견은 외과에서 효과적으로 쓰여 수많은 환자의 고통을 덜어 주었다. 과학자들은 여기에 그치지 않고 엑스선을 더 많이 연구하여 방사능을 발견하기도 하였다. 이렇듯 뢴트겐은 주요한 의학기술의 발전에 큰 몫을 해 냈을 뿐 아니라 원자와 핵의 비밀을 캐내는 데도 큰 몫을 했다. 게다가 요즘에는 통과하지 않는 액체로 위와 내장의 종양 사진도 찍을 수 있게 되었다.

　뢴트겐은 노벨 물리학상을 받았을 뿐만 아니라 이름을 널리 알릴 수 있었다. 그러나 그는 엑스선 때문에 생기는 모든 특허를 물리쳤다. 발명이나 발견은 과학자 개인의 것이 아니라 온 인류의 것이라는 생각을 하였던 것이다.
 뢴트겐은 엑스선 발견의 혜택을 모든 인류가 함께 누림으로써 누구에게나 도움이 되어야 한다고 믿었다. 우리는 뢴트겐의 엑스선 발견에 따른 공로와 함께 그의 이런 숭고한 뜻을 영원히 기억하여야 할 것이다.

엑스선의 정체를 밝혀라

앙리 베크렐의 방사능

18 96년에 프랑스의 물리학자 앙리 베크렐이 방사선을 발견한 뒤로 지금까지 방사능은 평화적인 면에서 인류에게 많은 혜택을 주고 있다.

인류는 이 방사능을 이용하여 지구·산맥·태양 등의 연대를 추정하게 되었으며, 의학에서는 많은 질병의 치료와 예방에 큰 발전을 이루었다. 또 평화적 목적에 사용할 원자로 등 새로운 대체 에너지원으로 쓸 수 있는 원자핵 분열을 발견하는 원동력이 되기도 했다.

우라늄이라는 원소에서 방사선을 처음 발견한 앙리 베크렐은 1852년 프랑스의 파리에서 태어났다. 그는 당대의 유명한 과학자였던 할아버지와 아버지의 영향을 받으며 자랐다. 특히 아버지의 영향을 많이 받았는데, 그의 아버지는 어떤 화학물질이 태양 광선을 받았을 때 가시광선을 방출하는 현상 즉, 형광 현상을 연구하는 과학자였다.

앙리 베크렐은 영재들만 다닐 수 있는 에콜 폴리테크니크에서 초기교육을 받고, 그 뒤에 토목공사 담당 정부관리가 되었다. 그러다가 1892년에 아버지 에드몽이 세상을 떠나자, 앙리 베크렐은 아버지의 뒤를 이어 파리 이공대학 교수와 자연사박물관 물리학 교수가 되었다.

1895년 이후에는 인류의 역사에서 중대한 발견들이 끊이지 않았다. 물리학 분야에서도 그러한 발견이 나타났는데, 그 가운데서 뷔르츠부르크대학에서 연구하던 뢴트겐이 발견한 엑스선이 관심의 초점이 되고 있었다.

세계의 과학자들을 깜짝 놀라게 하고 신문과 잡지에서까지 많이 다루어졌던 엑스선에 대해 베크렐 또한 관심이 있었다. 그는 엑스선이 크룩스관의 형광을 발하는 유리병 속에서 생긴다고 들었기 때문이다. 만약 엑스선이 형광을 내는 유리벽에서 생기는 것이라면, 형광을 내는 인광물질에서도 엑스선이 발생할 가능성이 있을 것이라고 생각하였다.

베크렐은 자신이 연구하고 있던 형광이 가시광선뿐만 아니라 엑스선도 포함하고 있는지 알아내고 싶었다. 그때 그는 황산칼륨 우라늄이라는 우라늄 화합물을 연구하고 있었는데, 이것을 가지고 그의 생각을 실험해 보기로 마음 먹었다.

그는 검고 두꺼운 종이로 싼 사진 건판이 햇빛에는 감광되지 않지만 엑스선에는 감광된다는 사실을 알았기 때문에 이것을 바탕으로 실험을 했다.

베크렐은 아버지가 살아 계셨을 때부터 형광 현상에 도움을 주려고 만들었던 우라늄염을 만들어 그 결정을 사진 건판을 싼 검은 종이에 붙였다. 그리고 그 옆에 금속 박판을 한 장 놓고 그 위에도 같은 염의 결정을 놓았다. 다음에 이 사진 건판을 햇빛이 잘 드는 곳에 두고 형광을 발하게 하였다.

'내 생각이 맞다면 첫째 결정에서 방출된 엑스선은 사진 건판 위에 뚜렷한 결정의 흔적을 남길 것이고, 둘째 결정에서 방출된 엑스선은 금속 박판의 그림자를 만들 것이다. 틀림없어!'

실험장치를 마친 베크렐은 결과가 이미 나오기라도 한 것처럼 웃음 띤 얼굴로 기다렸다.

얼마 뒤 사진 건판을 현상한 베크렐은 자신이 생각하였던 것처럼 금속 박판이 놓인 곳에 형태가 뚜렷한 그림자가 생긴 것을 보게 되었다.

"그래, 맞아. 내 생각이 맞은 거야!"

너무 기쁜 나머지 자기도 모르게 혼잣말을 중얼거리던 베크렐은 곧 다시 실험을 해야겠다고 생각했다.

'단 한 번의 실험으로 성공했다고 할 수는 없지. 내 생각을 더욱 확실히 하기 위해서라도 더 많은 실험을 해야 해.'

베크렐은 먼저 실험했던 것과 같이 검은 종이로 싼 사진 건판에 우라늄염과 얇은 금속판을 얹고 햇빛을 쬐었다. 그러나 우연하게 그날부터 날이 계속 흐려서 실험을 할 수 없었다. 그는 사진 건판에 결정과 얇은 금속판을 붙인 채 어두운 자료실에 놓아 두었다.

며칠이 지났다. 여전히 날씨가 흐리자 베크렐은 사진 건판을 그대로 현상해 보기로 했다. 흐린 날이기는 했지만 햇빛을 조금 쪼인 대로 희미하나마 흔적이 나타날 것이라고 생각했기 때문이다.

그러나 이것이 웬일인가? 현상을 하던 베크렐은 그만 깜짝 놀라고 말았다.

'어떻게 된 거지? 건판 위에 금속 박판의 그림자가 선명하게 나타났네? 먼저 실험한 것과 다를 게 없잖아.'

베크렐은 뜻밖의 실험 결과에 여러 가지로 의문이 생겼다.

우라늄염에 광선도 별로 쪼이지 않았는데 왜 더 진한 그림자가 생겼을까? 어쩌면 우라늄염은 햇빛 때문에 형광을 내지 않더라도

제2부 엑스선의 정체를 밝혀라

엑스선을 방출할지도 모른다는 생각이 들자 이 생각을 입증하기 위해 새로운 실험을 계속했다.

그는 사진 건판에 우라늄염 결정과 얇은 금속판을 붙인 사진 건판을 햇빛이 전혀 안 드는 장 속에 며칠 동안 넣어 두었다가 꺼내 현상을 해 보았다. 이것 또한 검은 그림자가 나타났다.

베크렐은 계속 실험하여 우라늄염 자체에서 엑스선을 방출한다는 것을 입증하였는데, 그는 이 선이 엑스선이 아니라 새로운 선 즉, 방사선임을 알아내었다. 그는 계속 연구하여 마침내 우라늄을 포함한 화학물질이 방사선을 자연 방사한다는 것을 알게 되었다.

베크렐이 발견한 방사선은 충격적이었다. 그 뒤를 이어 많은 발견이 계속되었으며, 이것은 여러 방면에 큰 공헌을 하였다.

1899년 베크렐은 방사선이 자기장 때문에 굴절됨을 알아냈고, 또 그것은 적은 양의 하전 입자로 되어 있음도 밝혀냈다. 그 뒤 과학자들은 방사선을 방출하는 많은 원소들을 발견하였는데, 그 가운데서 마리 퀴리가 발견한 라듐이 가장 강한 방사선을 내기 때문에 중요하게 여겼다.

우라늄에서 처음 방사선을 발견해 인류에게 엄청난 영향을 끼친 베크렐과 라듐을 발견한 퀴리 부부 모두는 1903년에 노벨 물리학상을 받게 되었다.

발명으로 하청 탈출

이다의 엑스선 촬영기

18 95년에 독일 사람 뢴트겐이 처음으로 발견한 엑스선은 놀라운 투시력 때문에 여러 방면에서 쓰였는데, 특히 현대 의학에서는 없어서는 안 될 만큼 중요시되고 있다. 그도 그럴 것이 병의 치료에서 가장 중요한 것은 빠른 발견과 정확한 진단이라고 할 수 있는데, 엑스선은 이것을 가능하게 하였기 때문이다.

　이렇듯 엑스선이 의학에 미치는 영향력이 커지자, 과학자들은 엑스선의 촬영 기술을 꾸준히 개발해 왔다. 특히 사진의 선명도를 높이는 작업이 가장 핵심을 이루었다. 이 작업에서 가장 중요한 것은 촬영 때 산란 엑스선을 없애는 것인데, 이 과정에는 '그리드'라는 장치가 꼭 필요하다.

　개발 초기에는 주로 목재 그리드가 쓰였으나, 나중에는 알루미늄을 소재로 한 것이 개발되었다. 알루미늄으로 만든 그리드의 등장은 엑스선 촬영기의 선명도를 획기적으로 높이는 계기가 되었다.

이 개발 과정에서 가장 큰 몫을 한 사람은 일본 미타야 제작소의 사장 이다 노부야스이다. 그는 그리드를 자체 개발함으로써, 하청업체에 지나지 않던 회사를 일본 굴지의 기업으로 성장시켰다.

'평생 남의 하청 일이나 하면서 살아야 하나?'

이다는 한숨을 쉬었다. 그는 1945년부터 의료기기 제조업에 종사하며, 엑스선 장치 제품 등을 생산하고 있었다. 그러나 모두 독자적인 생산이 아니고 하청을 받아 만드는 것이었다.

이다는 어릴 때부터 기계를 다루는 솜씨가 좋았다. 그리고 매우 성실하였기 때문에 주위에서 언제나 칭찬을 받으며 자랐다. 이런 환경에서 그는 기계학도로서의 꿈을 키워 나갔다.

'기회를 잡아야 한다. 이렇게 그냥 지낼 수는 없어. 독자적인 제조업을 할 수 없을까?'

그는 하청업을 해서는 자신의 꿈을 이루지 못할 것을 알고, 하청업에서 벗어나려고 안간힘을 썼다. 그러나 기회는 쉽게 오지 않고 초조하게 시간만 갔다.

이런 상태로 몇 년이 흐른 뒤였다. 드디어 그에게도 기회가 찾아왔다. 때는 1947년이었다.

"이다. 벅키 장치를 만들어 보지 않겠습니까? 설계도는 우리가 제공할 테니 그것을 바탕으로 새로운 벅키를 만들어 봐요."

"정말입니까, 다나베? 저 혼자 만드는 겁니까?"

"물론이오."

이다는 몹시 기뻐하며 고토훈도의 사장 다나베 모토무의 손을 굳게 잡았다.

벅키는 그리드의 한 종류로서 엑스선 촬영에 없어서는 안 되는 장치였다. 그러나 당시 일본에서는 거의 대부분의 벅키를 외국에서 수입하고 있었다. 이다는 곧 벅키를 제작하는 데 힘썼다. 벅키 제작으로 이다는 하청업에서 어느 정도 벗어날 수 있었다. 그러나 아직 회사의 규모가 작았고, 완전히 독립할 단계는 못 되었다. 그는 이에 만족하지 않았다. 그는 앞을 내다볼 줄 아는 사람이었다.

1950년의 일이었다. 이다는 스웨덴에서 수입해 온 리스호름 제품을 보고 있었다.

'흠, 확실히 전에 쓰던 벅키보다 성능이 훨씬 좋군.'

그는 새 그리드를 보며 빙긋이 웃었다.

'앞으로는 엑스선을 쓰지 않고는 병을 진단하지 못할거야. 간단하게 청진기로 진찰하던 시대는 끝났다고.'

며칠 뒤, 미타야 제작소는 새로운 그리드를 개발하기 시작하였다. 그들은 벅키를 제작할 때 익힌 기술을 바탕으로 열심히 연구했다. 그 결과 많은 부분에서 전보다 좋아진 그리드를 만들 수 있었다. 그러나 그리드의 핵심인 투과 재료를 고르는 데 많은 어려움이 따랐다.

당시는 투과 재료로 목재나 종이 등을 사용하고 있었으나 모두 투과 상태가 좋지 않았다. 그래서 이다는 새로운 투과 재료를 개발하기 위해 실험을 거듭했다. 그러나 결과가 늘 신통치 않았고, 이 때문에 새로운 그리드의 개발도 계속 늦어지고 있었다.

　그날도 이다는 어떤 교수와 대화를 나누던 가운데 그리드에 관한 이야기를 무심코 꺼냈다.
　"교수님. 제가 요즘 그리드를 개발하고 있습니다. 그런데 투과 재료를 고르는 데 애를 먹고 있어요. 정말 걱정입니다."
　"아, 그래요. 참 재미있군요. 엑스선이라……. 금속 가운데 마그네슘이나 알루미늄 같은 것이 원자가가 높습니다. 이 사실이 참고가 되지 않을까요?"
　교수는 여러 이야기 끝에 간단히 흘려서 말했다. 그러나 이다는 그 말을 새겨 들었다.
　얼마 뒤, 이다는 알루미늄을 이용해 그리드를 만드는 실험을 시작했다. 이 작업에는 많은 어려움이 따랐으나, 미타야 제작소의 모든 직원이 합심하여 어려움을 헤쳐 나갔다. 그리하여 마침내 새로운 그리드를 개발하는 데 성공하였다.

이다의 그리드는 지금까지 사용하던 것보다 안전하고 견고하였다. 또한 엑스선의 산란선을 없앨 수 있어 사진의 선명도가 매우 좋아졌다.

이다가 개발한 새로운 그리드는 의료계에서 반응이 아주 좋았다. 병원마다 앞다투어 새 그리드를 주문했다. 이 덕분에 미타야 제작소는 급성장하였고, 얼마 지나지 않아서 일본에서 손꼽히는 기업으로 인정받았다. 마침내 이다의 오랜 꿈이 이루어진 것이다.

스승의 원자병을 치료하려고

가이거의 가이거관

방사선 검출용 장치인 가이거 뮐러관을 발명한 사람은 독일의 물리학자 가이거와 뮐러이다.

독일에서 태어난 가이거는 영국으로 건너가 노벨 화학상을 수상한 바 있는 레더퍼드 밑에서 방사선에 관한 연구를 했다. 당시 레더퍼드는 물리학자 소디와 함께 방사선에 대한 연구를 하고 있었다.

'정말 대단한 분이야. 하지만 저러시다가 큰일나겠어. 하루 이틀도 아니고 날마다 오랫동안 방사능을 쐬면 분명 원자병이 더 심해지실거야. 몸을 좀 돌보셔야 할 텐데. 그렇다고 연구를 못 하시게 말릴 수도 없고……'

가이거는 방사선 장애에 걸려 고생하는 스승 레더퍼드를 보고

무척 안타까워했다.

'무슨 좋은 방법이 없을까? 앞으로도 계속해서 연구해야 하는 분야인데……'

며칠 동안 고민한 가이거는 한가지 결심을 하게 되었다.

'그래. 방사능의 세기를 측정할 수 있는 계수관을 만들자. 그것을 발명해 낸다면 선생님께서도 기뻐하실거야!'

가이거는 그날부터 이에 대한 연구를 시작했다. 밤낮없이 연구와 실험에 매달린 그는 1928년에 드디어 동료 물리학자인 뮐러와 함께 가이거 뮐러관을 발명하는 데 성공했다.

가이거관을 사용하여 방사능의 세기를 재는 장치를 가이거 계수관이라고 하는데, 가이거관 그 자체는 금속으로 만든 원통 안에 아르곤 등 적당한 가스를 넣어 다른 공기가 드나들지 못하도록 봉합한 것이다. 그 속에는 두 개의 전극이 들어 있고, 그 사이에 1천 볼트 정도의 전압이 걸려 있다. 이때 두 개의 전극은 떨어져 있기 때문에 전기가 흐르지 않는다. 거기에 베타(β)선, 감마(γ)선, 엑스선, 우주선(cosmic rays) 등의 방사선이 구멍으로 들어가게 된다.

그 작용으로 가이거관 속의 아르곤 가스 원자가 한순간에 전기를 띤 입자이온으로 변한다. 그리고 그것이 양극 사이에 전기를 나르기 때문에 전류가 생겨서 계수기가 짹짹 소리를 낸다. 그 수가 1분 동안 얼마나 되는지 재고 그것에 따라 방사선의 세기를 비교하게 된다.

이 가이거 뮐러관은 GM관이라고도 불리며, 죽음의 재라든가 우라늄 광산을 찾는 데는 없어서는 안 될 요긴한 기구이다. 이 기구의 발명으로 말미암아 원자력 개발도 한층 빨리 이루어졌으며, 우주선의 발달도 촉진되었다.

전염병의 원인은 미생물

■── 코흐의 탄저병균과 결핵균

코흐는 독일의 세균학자이다. 그는 결핵균이나 탄저병균과 같은 병원균을 발견해 전염병의 원인이 미생물 때문임을 증명하였다. 이러한 발견은 그때까지만 하더라도 무수한 인명을 앗아가던 치명적인 전염병에 대한 예방과 치료법을 개선할 수 있는 중대한 사건이었다.

 당시 유럽의 모든 의과대학에서는 교수에서 학생에 이르기까지 전염병의 원인이 미생물 때문이라는 파스퇴르의 발표에 술렁거리고 있었다. 과연 미생물이 전염병을 일으킬 수 있는가를 토론하는데 많은 시간을 보내고 있었으며, 이에 대한 연구를 진행했다.

 환자들을 치료하던 코흐도 예외는 아니어서 파스퇴르의 새로운 발표에 흥미를 느꼈다. 그는 아내한테 생일 선물로 받은 현미경을 이용해 많은 것을 관찰하고 기록해 나갔다.

그러던 어느 날이었다. 코흐는 탄저병에 걸려 죽은 양의 피를 관찰하다가 놀라운 것을 발견했다.

'이건 도대체 뭐지? 분명히 이것은 건강한 양의 피에서는 볼 수 없는 것인데······.'

코흐는 죽은 양의 검은 핏방울 속에서 아주 작은 막대 모양의 물질을 발견했다. 그는 병원에서 환자가 기다리고 있다는 사실도 잊고 관찰을 계속했다

'이게 파스퇴르가 말하던 미생물일지도 모른다.'

이렇게 생각한 코흐는 이 작은 막대가 살아 있는지를 알아내기 위해 실험을 했다. 여러 가지로 실험을 거듭한 끝에 나무 조각을 이용하는 방법을 찾아냈다. 나무 조각을 가열해 혹시 있을지도 모르는 다른 미생물을 죽이고, 그 나무 조각에 죽은 양의 피를 바른 다음에 소독한 칼로 쥐의 꼬리에 상처를 내고 준비한 나무 조각의 피를 묻혀 상자에 넣어 두었다.

다음날, 상자 속의 쥐는 코흐가 예상한 대로 죽어 있었다. 코흐는 죽은 쥐의 비장을 잘라 새까맣게 된 피 한 방울을 유리관 위에 떨어뜨리고 현미경으로 관찰했다. 어제 본 것과 꼭 같은 모양이 무수히 보였다. 어제 쥐의 상처에 넣은 것보다 훨씬 많이 늘어나 있었다.

'이것은 분명히 살아 있는 거야. 이처럼 엄청나게 늘어나는 모습을 눈으로 직접 볼 수는 없을까?'

코흐는 다시 이 연구에 몰두했으나 살아 있는 쥐의 몸 속에서 일

어나는 변화를 직접 볼 수는 없는 일이었다.

'그렇지! 쥐의 몸을 구성하고 있는 물질과 거의 비슷한 물질 속에서 번식시켜 보면 될거야.'

그리하여 코흐는 소의 눈물을 사용하여 막대 모양의 균을 번식시키기로 했다.

다른 균이 침입하여 몇 번이나 실패한 끝에 코흐는 이 균을 번식시키는 데 성공했다. 소의 눈물에 떨어뜨린 탄저병에 걸려 죽은 쥐의 비장 조각은 시간이 흐르면서 가느다란 실처럼 변하더니 하나의 실 무더기를 만든 것이다.

'이 실처럼 엉킨 것이 탄저병의 병원체일까?'

코흐는 다시 이것을 알아내기 위해 건강한 쥐에게 상처를 내고, 실무더기 모양의 균을 바르고 하루를 기다렸다. 하루가 지나자 건강했던 쥐는 탄저병에 걸려 죽어 있었다. 코흐는 재빨리 쥐를 해부하고 비장 한 조각을 떼어 현미경으로 관찰했다.

"아! 있다. 이거야. 분명히 처음 본 그 막대 모양과 같다. 이것이 탄저병의 병원체로구나."

그 뒤, 감자를 이용해 탄저병균의 순수배양에도 성공한 코흐는 독일의 수도 베를린에 있는 국립위생원의 연구소로 초청되었다.

당시의 많은 학자들은 아주 무서운 전염병이었던 결핵을 연구하고 있었는데, 대부분의 학자들이 결핵은 세균과는 관계가 없다고 생각했다. 태어날 때부터 허약한 사람이 심한 감기에 걸리거나 몹시 피곤해지면 신체의 내부 작용이 약화되어 생기는 병이 결핵이라고 단정했다.

↑ 탄저병균   ↑ 결핵균

그러나 코흐는 이와 같은 결론에 만족할 수가 없어서 결핵균에 대한 연구를 시작했다.

'결핵도 전염병인데 반드시 세균이 작용하기 때문일거야.'

코흐는 병원에서 결핵으로 죽은 사람의 시체를 해부하여 결핵으로 상한 부분을 꺼내 연구실로 가지고 왔다. 그는 이것을 가루로 만들어 물로 묽게 한 다음, 조금씩 떠서 현미경으로 관찰했다. 또 이것을 쥐나 토끼에게 약간씩 주사하기도 했다. 그랬더니 쥐나 토끼는 어김없이 결핵에 걸렸다. 그러나 현미경의 관찰로는 결핵균이 쉽게 발견되지 않았다.

바로 이 시기에 독일은 화학공업이 매우 발달하여 콜타르를 원료로 합성염료를 제조하기 시작했는데, 1876년에는 사로몬젠이라는 사람이 염료로 세균을 염색하는 것을 시험했다.

 코흐는 그같은 방법을 이용하기로 하고, 결핵으로 죽은 사람의 폐를 가루로 만든 것에 여러 가지 색으로 물을 들였다. 이 물감 가운데에 결핵균만 염색시키는 물감이 있으리라고 믿었기 때문이었다. 이렇게 조사를 거듭한 결과, 코흐는 한 색으로 물든 약간 굽은 막대 모양의 균을 발견했다.

 코흐는 탄저병균으로 배양했던 것처럼 이 세균을 꺼내 배양시킨 뒤 쥐나 토끼에게 주사했다. 그러자 쥐와 토끼는 모두 결핵에 걸려 마침내 죽어버렸다. 코흐는 이런 실험을 되풀이해서 이 세균이 결핵균임을 입증할 수 있었다.

 1882년 염료를 사용해 결핵균을 발견한 코흐는 명성을 얻게 되었고, 사람들은 이제 결핵은 지상에서 영원히 사라질 것이라고 믿었다. 결핵의 원인이 신체 조건의 허약함뿐만 아니라 병균에 의한 전염병임을 확신한 코흐의 노력은 이렇게 결실을 맺었다.

 후에 투베르쿨린이란 약을 발명하여 결핵의 진단을 쉽게 내릴 수 있게 한 코흐는 세균학의 주요 부분을 완성하고, 그 공을 인정받아 1905년에 노벨 의학상을 받았다.

제 3 부
작은 아이디어로 세계시장 독점

이런 모양 저런 모양

● 쓰쓰이의 변형 성냥갑

어떤 물건이든 원래 모양을 새롭게 바꾸는 것만으로도 발명이 될 수 있다. 산업재산권은 특허·실용신안·의장·상표 등 네 가지로 나눌 수 있는데, 여기서 모양 즉 디자인은 의장에 해당되는 것이다.

모양을 바꿔서 발명에 성공한 사람은 아주 많다. 그 가운데서도 일본 사람 쓰쓰이는 성냥갑 모양을 바꿔서 순식간에 억만장자가 되기도 했다.

지금으로부터 약 40여 년 전까지만 해도 성냥갑은 보통 직사각형과 삼각형이 고작이었다. 그래서 쓰쓰이는 성냥갑 모양을 바꾸기로 마음 먹고, 마침내 50여 가지 성냥갑을 디자인하여 성냥갑 박사라는 별명이 생기기도 했다.

도쿄 올림픽을 준비하고 있을 무렵이었다. 일본 전역은 올림픽 판촉물 개발 열기로 뜨겁게 달아올라 있었다. 여러 기업들은 값싸고 간단한 물건으로 회사의 이미지와 상품을 홍보하기 위해 극성을 떨었다. 내로라 하는 기업들은 고액의 현상금까지 걸고 새로운 아이디어를 모집했다. 이런 열기에 힘입어 대다수의 일본 국민들도 아이디어 개발에 열을 올리고 있었다.

아주 어린 시절부터 아이디어맨으로 소문나 있던 쓰쓰이 또한 예외는 아니었다. 별것 아닌 것들이지만 늘 새로운 아이디어를 생각해 내느라 고심하고, 또 그걸 즐기던 쓰쓰이는 이번이야말로 아주 좋은 기회라는 생각까지 들었다.

'평생 동안 수위로 내 인생을 끝내버릴 수는 없지! 이번은 하늘이 내려 준 기회일지도 몰라. 아이디어, 새로운 아이디어……'

쓰쓰이는 새로운 판촉물 디자인에 자신의 운명을 걸어 보기로 마음 먹었다. 1주일에 3일 정도만 근무하면 되니까 시간도 넉넉한 편이었다.

'판촉물이라……. 판촉물이라면 먼저 여러 사람들에게 나누어 주어야 하니까 값이 싸야겠지. 그리고 사람들이 쉽게 버리지 않도록 실용성이 있는 물건이어야 하고……'

생각에 빠져 있던 쓰쓰이는 담배를 피우려고 성냥을 찾았다.

'값이 싸면서 모든 사람의 필수품이 될 수 있는 물건이라면 무엇이 있을까?'

담배를 꺼내 입에 물면서도 쓰쓰이는 내내 같은 생각을 했다. 성냥갑에서 성냥 한 개비를 꺼내 불을 붙이는 순간 쓰쓰이는 무릎을

쳤다. 확 하고 불이 붙은 성냥을 보면서 새로운 생각이 떠오른 것이다.
 '그래! 성냥이 있지! 너무나 흔한 것이 성냥이야. 그런데 성냥갑 모양은 너무 단순해. 한번 바꿔 봐야겠다.'
 그날부터 쓰쓰이는 성냥갑으로 쓸 수 있을 만큼 적당히 두꺼운 종이를 구해 만들어 보았다. 하루에 서로 다른 모양의 성냥갑을 네다섯 개 만들어 보았다. 그러나 네다섯 개의 완성된 성냥갑을 만들기 위해 버려지는 종이 성냥갑은 헤아릴 수 없이 많았다.
 쓰쓰이의 이 같은 행동을 이해할 수 없었던 동료들은 조금씩 그를 비웃기 시작했다. 그래도 쓰쓰이는 즐거웠다.
 이단으로 된 것, 반달 모양, 맥주병 모양, 팔각 모양, 원통 모양 등 성냥갑을 새로 만들 때마다 쓰쓰이의 희망도 따라서 부풀어갔다.
 모두 다른 모양의 성냥갑들이 수없이 만들어졌다. 100여 가지가 넘는 성냥갑을 한 곳에 모아 놓고, 그는 비교적 모양이 좋은 것을 골라내었다. 약 50여 개가 골라졌다. 쓰쓰이는 이 50여 가지 성냥갑을 특허청으로 가지고 가 의장출원을 마치기에 이르렀다. 의장출원한 성냥갑 가운데에서 맥주병 모양을 한 성냥갑 때문에 쓰쓰이의 운명이 완전히 뒤바뀔 줄은 쓰쓰이 자신도 몰랐으리라.
 일본에서 유명한 어느 맥주회사는 올림픽을 겨냥하여 신제품을 개발하고 홍보용 판촉물을 만들기 위해 아이디어를 짜내고 있었다. 그때 이 회사는 쓰쓰이가 의장출원한 맥주병 모양의 성냥갑을 보고 판촉물로 쓰기로 결정한 것이다.

이런 모양 저런 모양

　그 뒤 맥주병 모양의 성냥갑 말고도 다른 성냥갑 역시 꾸준히 팔려 나갔다. 그래서 쓰쓰이는 로열티만도 연간 1천만 엔을 넘게 벌어 들일 수 있게 되었다.
　몇몇 회사에서 특이한 성냥갑으로 판촉에 성공을 거두자 뒤늦게 많은 기업들이 성냥갑의 변형을 시도했다. 그러나 뒤늦게 모양을 바꾼 성냥갑들은 이미 쓰쓰이가 의장출원을 마친 것 가운데 하나일 뿐이어서 번번이 헛일이 되었다.
　그러나 안타깝게도 쓰쓰이가 요즘 어디에서 어떻게 살아가는지는 잘 알려져 있지 않다. 그러나 그가 돈을 많이 벌었음은 틀림없으므로 일본 어디에서인가 행복한 여생을 보내고 있을 것이다.

한 번의 타자로 두 번 효과를

캐리한의 셀로판 붙인 봉투

내용물에 찍힌 수신인의 주소와 이름이 투명 셀로판을 통해 들여다보여 봉투에 수신인의 주소와 이름을 다시 쓰지 않아도 척척 배달되는 우편물.

세계 여러 나라의 사업용 우편물이나 전보 등을 보면 이 봉투를 써서 일손을 반으로 줄이고 있다. 이 봉투를 디자인한 사람은 미국인 토머스 캐리한이다.

전형적인 샐러리맨인 캐리한은 아주 우연한 기회에 떠올린 아이디어로 세계적인 디자인 특허품을 내놓아 더욱 큰 화제를 불러 일으켰다.

캐리한은 어느 날 같은 사무실에서 일하는 타이피스트가 내용물에 수신인의 주소와 이름을 치고, 또 봉투에도 똑같은 내용을 치는 것을 보고 이중으로 일을 해야만 한다는 생각을 하게 되었다.
 '똑같은 내용을 두 번씩이나 치는 것은 시간으로 보나 인력으로 보나 큰 낭비야. 정말 비효율적인 일이라고. 무슨 좋은 방법이 없을까?'
 캐리한은 곰곰이 생각해 보았으나, 뾰족한 방법이 생각나지 않았다. 타이피스트는 이 같은 일을 날마다 되풀이했다. 일을 시키는 상관도, 일하는 타이피스트도 아주 당연하게 여기고, 아무도 바꾸어 보려고 하지 않았다.
 같은 일을 두 번 하는 것을 개선해야 한다고 생각한 사람은 오직 캐리한뿐이었다. 그러나 시간에 쫓기던 캐리한으로서는 연구에만

매달릴 수 없었다. 날마다 되풀이되는 일을 보면서 답답해 할 따름이었다.

그러던 어느 날, 손수건을 사려고 양품점에 들른 캐리한은 이 문제를 해결할 수 있는 실마리를 찾았다.

"무슨 색깔을 원하십니까?"

양품점 주인은 포장지에 곱게 싼 손수건 더미 속에서 원하는 색깔을 금방 찾아냈다. 비결은 간단했다. 손수건 포장에 예쁜 모양의 구멍을 뚫어 셀로판을 붙여 놓아 손수건의 색깔을 알아볼 수 있었기 때문이다.

'바로 이거다!'

캐리한은 집에 돌아오자마자 곧바로 봉투에서 수신자의 주소와 이름 쓰는 부분을 오려낸 다음, 손수건 포장에서 떼어 낸 셀로판을 붙여 보았다. 봉투 속이 들여다보이는 것은 당연한 결과.

'자, 이제 봉투의 셀로판 부분에 내용물의 수신자 주소와 이름이 보이도록 잘 접기만 하면 되겠구나.'

투명 셀로판을 붙인 봉투는 한 시간 만에 만들 수 있었다. 의장권을 얻는 데도 2년이면 족했다.

우리가 무심코 주고받는 셀로판 붙인 봉투. 이것도 발명품이냐고 비아냥거리는 사람도 있겠지만, 엄연히 이 봉투는 지구촌 어디를 가도 사랑받고 있는 세계적인 발명품이다.

한 번의 타자로 두 번 효과를

광고를 겸한 아이디어 발명

사원의 제안이었던 티백

거의 같은 특징이나 기능을 가진 어떤 상품 하나를 여러 회사에서 동시에 내놓는다고 할 때, 소비자들이 한 회사의 물건을 선택하는 과정에는 광고의 이미지가 아주 중요한 역할을 하게 된다. 그만큼 광고가 소비자들에게 미치는 영향은 매우 대단한 것이다. 그래서 많은 회사들이 상품을 개발하는 데 드는 노력만큼 광고에도 많이 투자하고 노력을 아끼지 않는 것이다.

 일본의 립톤 홍차 또한 맑고 아름다운 홍차 빛깔과 맛을 '청초한 이미지'로 평가하여 그 이미지에 어울리는 광고 제작을 했다.

 텔레비전 광고의 경우 광고 모델도 아주 중요한 변수로 작용하게 되는데, 립톤 홍차는 청초한 이미지에 어울리는 모델로 탤런트 시마다 요코를 선택했다. 마침 시마다는 텔레비전 영화 〈쇼군〉에

제3부 작은 아이디어로 세계시장 독점

출연해 인기가 있었고, 이에 따라 립톤 홍차의 매출도 배로 늘어 났다.

이렇게 많은 비용과 인력을 써서 광고를 하는 방법이 매출을 늘리는 데 효과적이기는 하지만, 이왕이면 비용을 적게 들이고 높은 효과를 기대할 수 있는 방법이 있다면 그것이 더욱 좋은 일일 것이다.

바로 그런 방법으로 상품의 포장이나 사용법에 아이디어를 짜낸다. 용기가 훨씬 위생적이고 사용이 간편해진다면 소비자가 그 상품을 찾는 것은 당연한 결과이다.

립톤 홍차는 약 90년 전부터 일본에 수입되고 있었는데, 매출이 늘어난 것은 1961년에 티백을 만들고 나서부터이다.

따끈한 물이 담긴 주전자에 말린 홍차 잎을 넣어 알맞게 맛을 우려내기란 쉬운 일이 아니었고, 일본의 까다로운 다도 습관에 따라

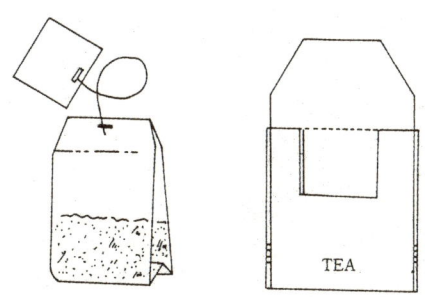

광고를 겸한 아이디어 발명

차를 마시는 것은 무척 번거로운 일이었다.

그러나 앞의 그림과 같이 일회용 티백 포장으로 립톤 홍차를 내놓자 홍차는 한 잔씩 간편하게 마실 수 있는 대중적인 차로 자리잡을 수 있게 되었다. 바로 그 점이 큰 인기를 끌어 티백 포장의 립톤 홍차는 세계 여러 나라로 팔리게 되었던 것이다.

이 티백은 이제 권리 기한이 지나 지금은 누가 만들어도 되지만, 독점 기간이었던 10년 간은 시마다의 청초한 모습의 몇 백 배나 되는 큰 효과로 엄청난 매상고를 올려 주었다.

더욱이 티백은 회사의 사원이 내놓은 제안이어서 립톤 홍차 회사는 거저나 다름없는 상금으로 막대해질 수도 있는 로열티를 대신했다.

엄청난 광고비를 들이지 않고, 많은 로열티를 지불하지 않고 몇 십 배가 더 되는 이익을 올렸으니 립톤 홍차 회사로서는 얼마나 신나는 일이었겠는가.

지금은 홍차 말고도 우리 나라 고유의 국산차에도 이 티백 포장법이 사용되고 있어서 우리의 국산차를 마시는 일도 아주 간편해졌다.

작은 아이디어로 세계시장 독점

마사다의 쇼핑백

일본의 마사다 여사는 다섯 명 정도의 직원을 데리고 지갑이나 담배 케이스 따위를 만드는 아주 작은 공장을 경영하고 있었다. 그때는 합성수지로 만든 여러 가지 주머니가 시장에 나와 팔리기 시작하던 때였다.

그런데 이것들은 모두 원단이 통과 같은 모양으로 나왔기 때문에 그것을 그대로 잘라 주머니로 만든 것이었다. 그런데 그런 주머니는 들고 다니기가 여간 불편하지 않았다. 마사다는 그런 주머니를 볼 때마다 늘 생각했다.

'저걸 모양을 조금만 바꾼다면 들고 다니기가 훨씬 편해질 텐데……'

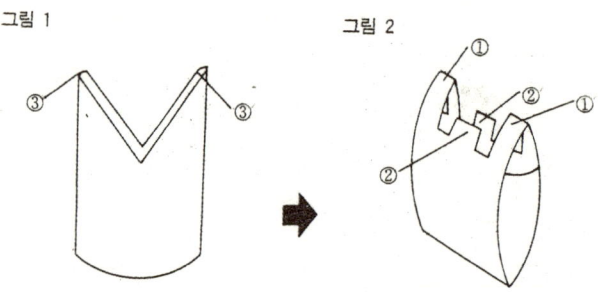

그러다가 마사다는 아예 본격적으로 자신이 그것을 변형시켜 보아야겠다고 마음 먹고 그 방법을 궁리하기 시작했다.

'통 주머니는 주머니의 주둥이를 움켜쥐거나 가슴에 안고 다녀야 하지. 그렇다면 주머니를 움켜쥐지 않고 손가락에 걸어 들 수 있도록 만들면 어떨까? 그래, 그렇게 하면 훨씬 편할거야.'

그래서 생각해 낸 것이 그림 1과 같은 것이었다.

그림 1에서처럼 통 모양의 주머니를 V자 모양으로 자른 뒤 양쪽 끝을 묶으면 아주 간단한 방법으로 손에 들고 다니기에 편한 주머니가 될 수 있다고 마사다는 생각했던 것이다.

마사다는 이 디자인을 특허청에 출원하였고, 이를 이용한 각종 주머니를 만들어 팔았다. 이것이 유명한 하이백이다.

마사다의 하이백 디자인이 실용화된 지 30여 년이 지난 오늘날에는 대개의 슈퍼마켓에서 폴리프로필렌으로 만든 쇼핑백을 사용하고 있다.

그것은 비단 슈퍼마켓뿐만 아니라 길가의 소점포 상인까지, 어느 곳을 가리지 않고 쓰이고 있다. 지금은 너무 많이 쓰여 환경오

염의 원인이 될 정도이다.

아무튼 그림 2와 같은 모양으로 만들어진 폴리프로필렌 쇼핑백은 지금 한 달에 약 10억 개 정도가 팔리는데, 이것 때문에 구멍가게만한 회사가 급성장하게 되었다.

이 주머니를 디자인한 젠코의 사원은 "어린이가 러닝 셔츠를 입고 걸어가는 모습을 보고 이 주머니의 전체 이미지를 떠올렸다"고 말하면서 그림 2와 같은 모양의 주머니를 선보였다. 이 주머니의 장점은 손에 끼울 수 있도록 고안한 부분이다.

이것은 마사다의 주머니가 서로 묶어야 하는 것을 개선한 것이다. 그리고 입이 있는 쪽에 혀와 같은 모양의 띠가 붙어 있다. 바로 이 부분이 디자인으로서 가치를 인정받은 것이다.

작은 아이디어로 세계시장 독점

혀와 같은 이 부분을 안쪽으로 접어 테이프를 붙이면 봉할 수가 있기 때문에 주머니 안에 든 물건이 쉽게 쏟아지는 일은 생기지 않고, 또 다른 사람이 주머니 안을 들여다볼 수도 없다.

아이디어는 아주 간단한 것이었다. 고작해야 한두 가지 정도 개선한 것뿐인 이 아이디어지만 남이 흉내를 낼 수는 없다.

뛰는 사람 위에 나는 사람

● 럭키 스트라이크의 담뱃갑 뜯는 테이프

캐러멜·껌·담뱃갑 등 작은 것에서 큰 과자상자에 이르기까지 많은 상품의 포장이 지금은 셀로판으로 되어 있다. 또 그 포장의 개봉 또한 뜯어내는 셀로판 테이프가 있어서 쉽고 간단하지만 처음부터 모든 포장이 그렇게 간단하고 깨끗한 모양은 아니었다.

미국의 담배회사 럭키 스트라이크(빨강 동그라미표)와 캐멀(낙타표)의 판매 경쟁을 들추어 보면, '이만 하면 더 이상 문제될 것은 없을 것이다'라고 생각하여 좀더 새로운 방법을 찾거나 문제점을 개선하지 않아 판매에서 비참하게 패배한 좋은 예를 볼 수가 있다.

지금은 담뱃갑의 셀로판 포장이 전세계적으로 일반화된 추세이지만 그 시작은 캐멀 담배였다.

　미국의 담배사업은 우리 나라와 달리 민간인이 운영하는데 그 가운데서도, 럭키 스트라이크와 캐멀은 언제나 판매실적 1, 2위를 다투는 경쟁회사였다. 그들 회사는 한시도 마음 놓지 못하고 새로운 전략을 세워야 했고, 상대 회사에서 새로운 판매방법이 나오면 다른 회사에서 비상이 걸릴 만큼 치열한 경쟁을 했다.

　당시 캐멀은 오랫동안 근소한 차이로 럭키 스트라이크에 밀렸다. 그래서 무슨 수를 써서라도 럭키 스트라이크를 앞지르고야 말겠다고 극도로 신경을 곤두세우고 있었다.

　그때 셀로판지에 대한 새로운 아이디어가 나왔다. 셀로판으로 담배를 포장하면 종이상자로만 포장했을 때보다 담배가 눅눅해지지 않는다는 장점이 있다.

　이것은 훌륭한 아이디어임에 틀림없었다. 셀로판으로 종이상자를 덧싸게 되면 담배가 쉽게 눅눅해지지도 않을 뿐더러 담배가 지나치게 건조해지는 것을 막을 수 있어서 늘 좋은 상태로 담배를 보관할 수 있기 때문이다.

　"됐어. 이런 방법을 쓴다면 럭키 스트라이크를 누르는 것은 시간 문제지. 어디 럭키 스트라이크뿐이겠어? 다른 담배회사도 이제는 더 이상 꼼짝 못할거야."

　캐멀 담배회사의 간부들은 뛸 듯이 기뻐하면서 셀로판 포장을 한 새로운 캐멀 담배를 여기저기 광고했다. 그러나 그 같은 캐멀 간부의 예상과는 달리 셀로판 포장의 캐멀 담배는 잘 팔리지 않았다.

　그래서 캐멀쪽에서 당황하고 있을 때, 맞수인 럭키 스트라이크가 재빠르게 캐멀의 셀로판 포장에 맞서는 방법을 찾았다. 럭키 스트라이크는 셀로판 포장 위에, 가늘고 빨간 테이프를 붙여서 그 테이프만 당기면 곧 셀로판 포장이 깨끗하게 뜯어지는 방법을 생각해 냈다.
　럭키 스트라이크는 이 같은 새로운 포장의 담배를 널리 광고하면서 캐멀에 도전했다. 이것으로 캐멀은 럭키 스트라이크에게 완전히 지고 만 것이다. 그 까닭은 생각해 보면 아주 간단한 것이었다.
　캐멀의 셀로판 포장은 분명히 훌륭한 특징을 가진 아이디어였다. 그러나 담배를 사서 피우는 소비자의 입장에서 본다면 그렇게 썩 훌륭한 것만은 아니었다. 왜냐하면 담배를 피우는 사람의 입장에서 셀로판을 일일이 뜯는다는 것은 퍽 귀찮은 일이었다. 또 잘못 뜯다가는 셀로판 포장 전체가 찢어지기도 했다.

그렇게 되면 담배가 눅눅해지는 것을 막는다든가 지나치게 건조해지는 것을 막는다든가 하는 장점이 별 의미가 없기 때문이다. 그래서 캐멀의 셀로판 포장 담배는 잘 팔리지 않는 것이었다. 그러나 럭키 스트라이크의 담배는 빨간 테이프로 포장을 간단히 뜯을 수 있어 인기가 있었던 것이다.

이것을 보면 캐멀 회사는 먼저 좋은 아이디어를 냈으나 한 발 더 나아가 소비자의 습관을 바로 알지 못했다는 큰 실수를 저질렀음을 알 수 있다.

상품의 아이디어를 낼 때는 그 상품을 이용할 소비자의 습관을 충분히 파악하고 그것을 염두에 두어야 하는 것이다.

'현재 상태에 결코 만족하지 말라.'

이것이 최상의 비결이다. H. G. 웰스는 자신의 책에서 다음과 같이 말하고 있다.

"자연계에서 단 한 가지 용서할 수 없는 죄가 있다. 그것은 '정지해 있는 것'이다."

작은 연구가 쌓이고 쌓여

사토의 닥코인형

얼굴은 흑인, 몸통은 개 모양이고, 양팔로 끌어 안을 수 있게 되어 있는 닥코인형.

'장난감 판매장에 인파 쇄도, 끝내 부상자 발생.'

이는 인기가 엄청났던 닥코인형의 붐을 잘 설명해 주는 기사의 머릿글로 백화점에서 실제 일어난 소동이었다.

거리를 걸어가는 여자 아이들과 상점의 쇼윈도 등을 보면 어디에나 닥코인형이 있었다. 사람들은 너나 할 것 없이 닥코인형을 좋아했다.

이 대유행을 일으킨 닥코인형의 디자이너는 사토 야스타라는 사람이었다. 사토 부부는 1958년부터 동물 장난감을 만들기 시작했다. 당시 자본금은 1만 5천 엔뿐이었다. 그들은 그 돈을 가지고 바람을 불어 넣어서 부풀리는 기린이나 개 같은 동물 장난감을 만들었다.

시작했을 때는 자금도 없었고 신용이나 기술도 없는 상태였다. 가진 것이라고는 오직 아이디어뿐이라고 생각한 사토는 더 좋은 상품을 개발하기 위해 날마다 연구했다. 처음 그들이 생각해 낸 것은 바퀴가 달린 인형이었다.

'아이들은 가만히 있는 것보다는 움직이거나 굴러 다니는 것을 좋아한다. 그래, 이 동물 장난감의 발에 바퀴를 달아 보자.'

그런데 이 간단한 아이디어가 뜻밖의 행운을 불러왔다. 바퀴가 달린 인형은 무려 2천 박스나 팔렸다. 그러자 이번에는 사토 부인이 아이디어를 내놓았다.

"여보. 바퀴를 달 바에는 차라리 바퀴 달린 자동차를 만드는 것이 어떨까요? 바람을 불어 넣는 자동차와 그 위에는 개를 태우는 거예요."

"그것 참 좋은 생각이오. 그렇게 해 봅시다."

사토 부인의 의견대로 자동차를 탄 동물 장난감을 만들었다. 이것은 외국 사람들에게서 호평을 받아 6만 박스나 수출하였다. 이렇게 되자 사토 부부에게는 신기할 만큼 잇달아 여러 가지 아이디어가 떠올랐다.

"비행기에 인형을 태우면 어떨까? 자동차에 태웠을 때 외국 사람들이 그렇게 좋아하는 것을 보니 비행기에 태운다면 더 좋아할 거야."

그러나 아이디어는 언제나 잘 맞아떨어지는 것은 아니다. 그것

인형을 생각해 내기까지의 순서

은 크게 실패했다. 미국으로 수출된 인형들은 거의 반품되어 돌아왔다. 미국 소년들이 그 비행기를 싫어했던 것이다.

그러나 이러한 실패에 낙심만 하고 있을 사토 부부는 아니었다. 그들은 용기를 내어 다른 아이디어를 짜내기 시작했다. 그 무렵은 운동에서나 음악에서나 흑인들이 크게 활약하던 시기였다.

'그래 흑인이 인기 있는 때니까 흑인의 모습을 한 인형을 만들어 보자. 틀림없이 좋은 반응을 얻게 될거야.'

그는 그림 ④와 같이 아래를 무겁게 한 오뚝이식 흑인인형을 만들었다. 오뚝이 또한 아이들의 흥미를 끌 것이라고 생각했던 것이다. 그러나 이 흑인 오뚝이 인형도 별로 팔리지 않았다.

'이상하군. 아이디어가 빗나간 걸까!'

작은 연구가 쌓이고 쌓여

다음으로 사토는 끌어 안는 개를 생각해 내었다. 양팔로 주인을 끌어 안듯 앙증맞은 모습을 한 개였다.

'이것은 좀 잘 팔리겠지.'

그러나 이것 또한 그리 신통치 않았다.

'흑인인형도 그렇고, 끌어 안는 개도 아이디어는 좋은데 왜 팔리지 않는 걸까. 그러면 이 두 가지를 함께 결합해 보면 어떨까.'

그래서 이 두 가지를 살려 보리라 생각하고 흑인의 머리와 개의 몸통을 어울려서 만든 것이 바로 닥코인형이다.

닥코인형은 엄청난 붐을 일으켰다. 작은 연구가 쌓이고 쌓여서 진짜 성공의 열쇠가 되었던 것이다.

편지 착불 소동 해결

로랜드 힐의 우표

우리는 이미 여러 가지 최첨단 통신수단이 발달되어 있는 시대에 살고 있지만, 아직도 많은 사람들은 우편제도를 이용하여 서로 소식이나 정보 따위를 주고받고 있다.

우편을 이용한 통신은 다른 통신수단보다 시간이 좀더 오래 걸린다는 단점이 있기는 하지만, 개인과 개인 사이에 직접 말로 전할 수 없는 사적인 내용을 담아 보낼 수 있다는 점에서 인간적인 특성이 가장 두드러진 통신수단이라 할 수 있다.

따라서 아무리 빠르고 편리한 통신수단이 새롭게 발명되고 발달된다 하더라도, 우편제도는 인류가 존재하는 한 영원히 사라지지 않고 많은 사람에게 이용될 것이 분명하다.

오늘날 우편제도의 꽃이라 할 수 있는 우표가 영국에서 처음 생기기 전에는 모든 나라가 다 원시적인 방법으로 우편물을 보냈다.

즉, 서신이나 그 밖의 소식을 사람이 전달하다가 지나치게 오랜 시간이 걸리고, 분실 사고가 나는 등 많이 불편해지자, 사람들은 우체국을 만들고, 그곳을 통해 우편물을 전달하기에 이르렀다. 그러나 돈을 현금으로 주고받는 불편함을 참아야 했다.

그러다가 영국의 중앙우체국에서 한 장씩 가위로 잘라 풀칠을 해서 우편물에 붙이는 세계 최초의 우표 '페니 블랙'이 발행되어 우편 요금을 대신할 수 있게 하였다. 그것은 매우 편리한 발명품이었다. 이 같은 우표를 고안하여 현대 우편제도의 기틀을 마련한 사람은 영국의 로랜드 힐이다.

1839년의 어느 날, 힐은 집으로 돌아오는 길에 우연히 어느 집에서 벌어진 말다툼을 엿듣게 되었다.

"글쎄, 저는 이 편지를 받지 않겠다니까요. 그러니까 도로 가지고 가세요."

"여기까지 이미 가지고 왔는데 받지 않으신다고 하면 어떻게 합니까?"

"그 편지를 받고 안 받고는 제 마음이잖아요. 저는 아무튼 비싼 요금을 내면서까지 그 편지를 받고 싶지는 않아요."

말다툼을 벌이고 있는 집 처마 밑에서 이를 듣고 있던 힐은 이런 광경을 그 동안 적잖게 보아온 터여서 어떻게 하면 이런 문제를 해결할 수 있을까 생각하면서 집으로 돌아왔다.

그때만 하더라도 우편요금은 모두 착불이었으므로, 받는 사람이 배달료를 그때그때 지불하게 되어 있었고, 그에 따른 말싸움이 자주 일어났다.

힐은 그날부터 연구를 시작했다.

'배달료 때문에 우편물을 받는 사람이 부담스럽다면 서신을 보내는 사람이 미리 배달료를 내면 되지 않을까? 용건이 있는 사람이 돈을 내는 거니까 그게 더 좋을 거야.'

여기서 힌트를 얻게 된 힐은 어렵지 않게 우표를 고안했다. 이렇게 해서 우표를 처음 디자인하게 된 힐은 정부로부터 많은 상금을 받아 부와 명예를 함께 누릴 수 있었다.

우표가 발명된 지 벌써 160년 남짓 시간이 흘렀지만 아직까지도 우표를 사용하는 제도에 큰 변화는 없었다. 오히려 기념우표 등을 발행해 우표 수집가가 늘었고, 또 여전히 편지나 소포를 받으면 기분 좋은 일이기 때문이다.

그런데 우편제도에서 우표를 이용하는 것은 변하지 않았지만 우표의 사용 방법에는 두 가지 새로운 아이디어가 발명되었다.

처음 발명되어 사용한 우표는 한 장 한 장 붙일 때마다 일일이 우표 뒷면에 풀칠을 해야 하는 번거로움이 있었다. 두 가지 새로운 아이디어 가운데 하나가 바로 이 점을 개선한 것이었다.

아라비아 고무를 물에 녹여 우표 뒷면에 칠해 두면 물기가 마른 다음에는 우표의 뒷면이 깨끗해진다. 이렇게 해 놓으면 우표를 쓸 때 물이나 침을 조금만 발라도 풀 없이 봉투에 붙일 수 있다. 이 방법은 지금도 전세계에서 쓰이고 있다.

두 번째 아이디어는 여러 장이 한꺼번에 인쇄된 우표를 쓸 때 가

편지 착불 소동 해결

　위나 칼로 한 장씩 잘라서 써야 하는 불편함을 개선한 것이다.
　우표 주위에 바늘구멍(천공)을 뚫어서 가위나 칼 없이도 손으로 깨끗하게 잘라 쓸 수 있게 한 발명이다.
　만약 지금 쓰는 우표처럼 자르기 쉽게 구멍을 뚫지 않았다면, 우표를 붙일 때마다 가위나 칼을 찾느라 허둥대야 했을 것이다.
　우표에 구멍을 뚫는 아이디어는 별 것 아닌 것처럼 느껴지지만, 알고 보면 작은 발명이 시간을 줄였기 때문에 위대한 발명으로 인정받고 있는 것이다.
　우표에 이 같은 구멍을 뚫은 뒤로 모든 서면에는 우표와 같은 작은 구멍을 내어 편리하게 잘라 쓸 수 있도록 하고 있다.

100만 엔짜리 빨간 혀

장난감 강아지

일본에도 발명학회라는 단체가 있다. 회장은 세계적인 발명 저술인이자 발명가인 도요자와 도요이다.

도요자와가 운영하는 발명교실은 매주 일요일이면 어김없이 문이 열린다.

이 일요발명교실에 빠짐없이 참석하는 사람들 가운데 사카이라는 완구 디자이너가 있었다. 사카이는 일요발명교실에 나올 때마다 늘 불만을 털어 놓았다.

"내가 만드는 장난감 강아지가 하루에 50마리만 팔려도 먹고 살 수 있을 텐데, 아무리 기를 쓰고 노력해도 30마리밖에 팔리지 않습니다."

그때 도요자와는 이렇게 조언을 하였다.

"강아지가 잘 팔리지 않는 것은 사카이 씨가 손님들의 심리를 제대로 파악하지 못했기 때문입니다. 디자인에 한번 신경을 써서 다시 만들어 보십시오. 보기 좋은 떡이 먹기도 좋다는 속담이 있죠? 그만큼 디자인은 중요하다는 뜻이죠. 손님들이 원하는 색다른 강아지를 만들어 보세요."

사카이는 도요자와의 일리 있는 조언에 고개를 끄덕였다.

'도대체 이 강아지를 사려는 사람들이 원하는 것이 뭘까? 어떤 모양, 어떤 색깔의 강아지를 원하는 걸까?'

사카이는 이렇게 자문해 보자, 곧 그 해답이 나왔다. 귀여움이었다. 사람들은 귀여운 모양의 장난감 강아지를 원할 것이라는 생각이 들었다.

그는 곧 자기 집에서 기르고 있는 강아지를 살펴보기 시작했다. 강아지는 주인이 자신을 뚫어져라 쳐다보자 이리저리 구르기도 하고 뱅글뱅글 맴돌기도 하며 한참 동안 응석을 부렸다. 그러다가 지쳤는지 강아지는 앞발을 가지런히 모으고 엎드린 채 혀를 살짝 내밀고 가쁜 숨을 몰아 쉬었다. 사카이는, 조그맣고 빨간 혀를 내민 채 촉촉한 까만 눈동자로 쳐다보는 강아지가 몹시도 귀여웠다.

'맞아! 바로 저 혀야! 만약 강아지 인형에 귀엽고 빨간 혀를 붙인다면……?'

사카이는 무척 기분이 좋았다. 하지만 기쁨은 잠시였다. 혀를 만들려면 입을 벌린 다음 그 속에 빨간 헝겊을 붙여야 하기 때문에 일손이 많이 필요했다. 그러자면 가격은 자연히 비싸질 테고 비싼 값을 치르고 살 사람은 별로 없을 거라는 생각 때문이었다. 사카

100만 엔짜리 빨간 혀

이는 다시 고민했다.
'같은 가격으로 빨간 혀를 붙일 수 있는 방법이 없을까?'
그는 그것만을 생각했다. 그런데 그 무렵에 마침 빨간 비닐 파입이 어린이 공작용으로 판매되기 시작했다. 사카이는 그것을 사다가 비스듬히 끊어서 접착제를 발라 입 속에 밀어 넣어 보았다. 생각보다 간단하고 매우 귀여웠다.
사카이는 당장 장난감 강아지에다 혀를 달기 시작했다. 강아지의 입 부분에 송곳으로 구멍을 뚫고, 그 부분에 비스듬히 자른 빨간 파입에 접착제를 발라 밀어 넣으면 완성되기 때문에 매우 간단했다.
이 장난감 강아지는 반응이 아주 좋았다. 하루에 50마리만 팔면 먹고 살 수 있다고 했는데 순식간에 2천 마리씩 팔려 나가자 기뻐서 소리를 지를 정도였다.
간단한 디자인이었지만 의장권이 있어 모방제품을 낼 수도 없었다. 빨간 혀 하나 때문에 백만장자가 탄생한 것이다.

탈옥작전 제1호

■ 가르네린의 낙하산

낙하산은 1797년 10월 22일 프랑스의 앙드레 자크 가르네린이 만들었다. 그는 프랑스 혁명 때 오스트리아에 저항해 의용군에 참여하였다가 포로가 되어 헝가리의 부더 요새에 갇혔다.

가르네린은 감옥 안에서 탈옥을 궁리하였다. 그곳에서 탈출하려면 높은 성벽에서 뛰어내리는 방법밖에 없었다. 그러므로 뛰어내릴 때 낙하 속도를 어떻게 줄이느냐가 문제였다.

'커다란 우산을 이용하면 어떨까? 공기의 저항을 받아 낙하 속도가 느려질 것이다.'

가르네린은 바람을 안고 펴지는 커다란 우산을 디자인하여 이 우산으로 탈옥할 계획을 세웠다. 그러나 때마침 혁명전이 끝나 이 계획이 필요 없게 되었다. 하지만 가르네린은 그 뒤에도 계속 낙

제3부 작은 아이디어로 세계시장 독점

하산을 만들어 실험하였다.

그가 맨 처음 만든 낙하산은 지름이 7미터인 백포에 32개의 살대를 붙여 꼭대기를 잡아매고 그 아래에 1미터 가량의 나무로 만든 타거를 두르게 한 것이었다. 가르네린은 이 낙하산을 기구에 달아 공중에 높이 띄운 다음, 그 낙하산으로 뛰어 내릴 계획이었다. 무척 위험한 일이었지만, 가르네린은 성공하리라고 굳게 믿었다.

그는 900미터의 공중에 낙하산을 단 기구를 띄웠다. 그러고는 기구와 낙하산을 연결한 끈을 끊었다.

'툭!'

줄이 끊어지며 낙하산이 땅 위로 떨어지는 조마조마한 순간이었다. 이때였다. 낙하산은 큰 소리를 내며 펴졌다. 가르네린은 조금 충격은 받았으나 큰 어려움 없이 땅 위로 낙하하는 데 성공하였다.

지우개를 찾아라

하이만의 지우개 달린 연필

뒤꽁무니에 지우개를 달아 놓아 아주 편리한 연필이 있다. 이것은 간단하지만 아주 편리한 발명품이다. 아이디어가 아주 재미있는 이 지우개 달린 연필은 미국의 가난한 소년 하이만이 만든 것으로 지금도 다양한 모양으로 전세계에서 사용되고 있다.

미국 필라델피아 근처에 그림 솜씨가 아주 뛰어난 하이만이라는 소년이 살고 있었다. 하이만은 아버지가 일찍 돌아가셨기 때문에 어머니가 부업을 해서 근근이 살아갔지만, 그는 언제나 명랑했고 꿈도 많았다.

하이만이 상급학교에 진학할 나이가 되었으나 살림은 여전히 어려워서 더 이상 공부를 계속할 수가 없었다. 하이만은 상급학교에 진학을 못 했지만 다행히 그림 솜씨가 뛰어나 습작도 하고 돈도

벌 겸 해서 사람들의 초상화를 그려 주었다. 얼마 되지 않는 돈벌이였지만, 고생하시는 어머니를 조금이라도 도울 수 있어서 하이만은 기뻤다.

하이만은 시커멓게 때가 낀 데다 곧 부서질 것만 같은 고물 이젤을 하나 구해 그림을 그리고 있었다. 초상화 주문이 밀려 있을 때는 하루 온종일 그렸고, 조금 시간이 나면 주전자나 컵 따위를 데생했다.

그런데 하이만은 그림을 그리다 말고 지우개가 없어져 한참이나 방안을 뒤지곤 했다. 하이만에게는 지우개를 찾는 것이 참 귀찮고 성가셨다.

이젤 앞에 있는 선반 위에 지우개를 놓으면 금방 바닥에 떨어져 없어졌고, 책상 위에 올려 놓으면 어지럽게 널린 도화지들 틈에 끼여 숨바꼭질을 해야 했다. 그래서 하이만은 지우개에 구멍을 내 실로 묶어 이젤에 매달아 놓았다. 그러나 그렇게 하면 지우개는 금세 조각이 나버리는 것이었다. 그때는 지금처럼 지우개가 흔하지도 않았고, 가난한 하이만은 조각 난 지우개라도 잃어서는 안 되었다.

어느 날이었다. 이미 반으로 조각 나 작아진 지우개를 책상 위에 눈에 띄는 곳에 놓고 열심히 그림을 그리던 하이만은 책상를 더듬어 지우개를 찾고 있었다. 그러나 방금 전까지도 썼던 지우개는 온데 간데 없이 사라지고 도화지만 부스럭거렸다. 그림이 잘 그려질 때 지우개가 없어 중단이 되면 여간 신경이 쓰이는 게 아니었다.

하이만은 화가 났다. 방안 구석구석을 한참이나 뒤진 끝에 지우개를 찾은 하이만은 아예 왼손에 지우개를 움켜쥔 채 그림을 계속 그렸다. 늘 손에 쥐고 있어 잃어 버리지 않는 연필처럼 지우개도 손에 쥐고 있으면 잃어 버리지 않으리라는 생각에서였다.

그러나 그것도 쉬운 일은 아니었다. 시간이 지나자 땀으로 범벅이 된 지우개는 그림을 지저분하게만 할 뿐 제대로 지워지지도 않았다.

지우개를 다시 책상 위에 올려 놓고 손을 바지에 문질러 닦던 하이만은 들고 있던 연필을 거꾸로 세워 지우개를 쿡쿡 찍으며 생각에 잠겼다.

'이 연필은 늘 들고 있으니 잃어 버리지도 않고 땀이 나도 괜찮은데……. 지우개도 연필처럼 늘 옆에 있어서 안심하고 그림을 그릴 수 있으면 참 좋겠다.'

넋 놓고 다른 생각에 빠져 있던 하이만은 다시 그림을 그리기 위해 연필을 들었다. 그러다가 문득 동작을 멈추고 생각에 잠겼.

'응? 이것 봐라?'

하이만은 거울에 비친, 모자를 쓴 자신의 모습을 보고서 드디어 좋은 아이디어를 얻게 된 것이다. 연필을 잡고 잠깐 생각에 잠겨 있던 하이만은 양철 조각을 집어 왔다. 양철을 이용해 연필에 모자처럼 지우개를 씌운 것이다.

'그래. 이렇게 연필 뒤에 지우개를 달아 놓으면 될거야.'

하이만의 새로운 시도는 생각보다 아주 편리했다. 그래서 그는 지우개를 연필에 달고 한눈 파는 일 없이 열심히 그림을 그릴 수

지우개를 찾아라

있었다.

　며칠 뒤 하이만의 친구 윌리엄이 하이만에게 놀러 왔다. 윌리엄은 우연히 지우개 달린 연필을 보고 깜짝 놀랐다.

　"얘, 하이만. 이거 정말 굉장한 디자인이구나. 이 연필을 의장출원하고 아예 물건으로 만들어 팔아 보면 어떻겠니?"

　학교에 다니고 있었던 윌리엄은 특허법에 대해 학교에서 배운 대로 하이만에게 얘기하고 출원서를 써 주었다.

　이 지우개 달린 연필이 등록된 것은 1867년 7월이었다. 윌리엄은 이 권리를 연필회사에 팔러 갔다. 마침 리버칩이라는 연필회사에서 착수금으로 1만 5천 달러를 주고, 한 자루 팔릴 때마다 2퍼센트의 로열티를 준다는 조건으로 권리를 샀다. 그리고 이 일을

제3부　작은 아이디어로 세계시장 독점

주선해 준 윌리엄은 필라델피아 총판권을 얻게 되었다.
 하이만이 받은 로열티는 매년 약 1천 달러에 가까웠다. 또 이 권리를 산 리버칩 연필회사는 빠른 속도로 계속 성장하여 나중에는 미국에서 손꼽히는 대기업이 되었다.

나무 판자를 종이로

우에조의 종이 꼬리표

운송용 화물마다 어김없이 붙어 있는 종이 꼬리표. 받는 사람의 주소와 이름이 씌어진 이 꼬리표도 어엿한 발명품으로 전세계 화물에 사용되고 있다. 이 꼬리표의 발명가는 일본인 우에조 히로지이다.

나가노라는 작은 마을에 사는 우에조가 도쿄로 출장을 갈 때였다. 처음으로 도쿄에 가게 된 우에조는 몹시 설레었다.

'이번 출장에서는 도쿄의 곳곳을 살펴 보아야겠어. 수도이니 만큼 어쩌면 유익한 정보를 얻을 수 있을지도 몰라. 아니, 없더라도 꼭 찾아내야지!'

우에조는 흥분하면서도 마음가짐을 단단히 했다. 그 마음가짐 때문에 종이 꼬리표를 디자인하게 되었을지도 모르겠다고 뒷날 우에조는 말했다.

'야, 드디어 도쿄에 도착했구나!'

도쿄 역에 내린 우에조는 뿌듯한 마음으로 주위를 돌아보았다. 그의 눈에 가장 먼저 띈 것은 산더미처럼 쌓여 있는 화물이었다. 지방에서 도쿄로 부쳐 오는 짐은 종류도 여러 가지였지만 양도 무척 많았다.

그런데 화물에는 하나같이 나무판자를 잘라 만든 꼬리표가 붙어 있었다. 나무판자로 된 꼬리표를 보는 순간 우에조는 고개를 갸우뚱거리며 이상해했다.

'저 많은 화물에 하나하나 나무판자 꼬리표를 붙이려면 얼마나 힘이 들까? 나무 대신 종이로 꼬리표를 만들어 붙이면 훨씬 편할

제3부 작은 아이디어로 세계시장 독점

텐데…….'

 도쿄에서 일을 마치고 고향으로 돌아온 우에조는 곧바로 종이 꼬리표를 만들어 보았다. 우에조가 디자인한 종이 꼬리표는 두꺼운 종이를 알맞은 크기로 잘라 구멍을 뚫고 철사를 꿰어 놓은 것이 전부였다.

 '그래. 이 종이 꼬리표를 빨리 특허출원해야겠다.'

 우에조는 서둘러 출원을 마치고 화물회사를 찾아갔다. 권리를 팔기 위해서였다.

 "편리하군요. 그렇지만 이것이 등록을 받을 수 있다고 생각하십니까? 일찌감치 포기하시고 집으로 돌아가세요."

 화물회사 직원은 우에조를 비웃으며 자리에서 일어나 나가 버렸다. 우에조는 몹시 기분이 나빴으나, 곧 다른 화물회사를 찾아갔다. 하지만 결과는 마찬가지였다. 어느 화물회사를 찾아가든지 등록이 안 될 거라며 내쫓다시피 했다.

 그러나 2년 뒤, 이 종이 꼬리표가 등록이 되자 입장은 완전히 달라졌다.

 '콜럼버스의 달걀' 같이 작은 것이었으나 화물회사들은 우에조에게 로열티를 내야만 종이 꼬리표를 만들어 사용할 수 있었다.

 워낙 값싼 물건이라 우에조는 큰돈을 벌지는 못했지만, 먹고 사는 문제는 거뜬히 해결할 수 있었다.

나무 판자를 종이로